JN319625

庫

富岡日記

和田英

筑摩書房

目次

富岡後記　79

富岡日記

「富岡日記」は、「明治六、七年松代出身工女富岡入場中の略記」と題され、六工社の後身である本六工社に保存されていたもので、著者が一八七三（明治六）年四月から翌七四（明治七）年七月まで富岡製糸場で伝習工女として働いたときのことを思い返し、一九〇七（明治四〇）年に記述したものである。一九二七（昭和二）年に私家版として出され一九三一（昭和六）年に信濃教育会により「富岡日記」のタイトルで学習文庫版として刊行された。

私の身元

私の父は信州松代《まつしろ》の旧藩士の一人でありまして、横田数馬と申しました。明治六年頃は松代の区長を致して居りました。それで信州新聞にも出て居りました通り、信州は養蚕が最も盛んな国であるから、一区に付き何人（たしか一区に付き十六人）十三歳より二十五歳までの女子を富岡製糸場へ出すべしと申す県庁からの達しがありましたが、人《ひと》身御供《みごくう》にでも上るように思いまして一人も応じる人はありません。父も心配致しまして、段々人民にすすめますが、何の効もありません。やはり血をとられるのあぶらをしぼられるのと大評判になりまして、中には「区長の所に丁度年頃の娘が有るに出さぬのが何よりの証拠だ」と申すようになりました。それで父も決心致しまして、私を出すことに致しました。

私も兼ねて親類の娘が東京へメリヤスを製しますことを習いに行きました時、私も行きたいと申しましたが、私より下に四人の弟妹がありまして、中々《なかなか》忙しゅうありましたから許しません。残念に思って居りましたところでありましたから、大喜びで、一人でも宜《よろ》しいから行きたいと申しました。母はその時末の弟を妊娠して居りました（後で承知致しました）。さぞ迷惑であったろうと後になりましてから思いました。しかし父が

そのように申しますから何とも申しません。第一許さぬと申しはせぬかと心配致しました。祖父は大喜びで申しますには、

「たとい女子たりとも、天下の御為になることなら参るが宜しい。入場致し候《そうろう》上《うえ》は諸事心を用い、人後《じんご》にならぬよう精々励みまするよう」

と申されました時の私の喜びは、とても筆には尽されません。

さてこのようになりますと可笑《おか》しいもので、よいことばかり私の耳にはいります。あちらへ行けば学問も出来る、機場《はたば》があって織物も習われると、それはそれはよいこと尽し、私は一人喜び勇んで日々用意を致して居りますと、河原鶴子と申す方がその時十三歳になられますが、「お英さんがおいでなら私もぜひ行きたい」と申されましたとのことで、父君もお許しになりました。いよいよ両人で参ることになりました。（鶴子さんの父君は北越戦争の時松代藩より出陣の折、総大将で若松城に乗込んだ方でありま す。）

右様に取極《とりき》めましたが、私はその前年当家（和田）へ縁組致しますと約束だけ致してありましたから、当家へも右の次第を話しますと、幸い主人も東京へ一二カ月内に学問修行に参る心組《こころぐみ》のところでありましたから、承知してくれました。その時姉が一人ありまして、初子と申しました。姉もまた、「お英さんが行くなら私も行きたい」と申しまして、直《すぐ》に行くことになりました。

さあこのようになりますと不思議なもので、私の親類の人、または友達、それを聞伝えて、我も我もと相成りまして、都合十六人出来ました。後から追々願書が出ましたが、満員で下げられました。

この時の人名

河原　均《ヒトシ》（旧名左京）	次女	河原鶴子	十三歳
金井好次郎	妹	金井新子	十四歳
和田盛治	姉	和田初子	廿五歳
酒井金太郎	長女	酒井民子	十七歳
米山友次郎	妹	米山嶋子	十八歳
坂西　某	次女	坂西滝子	十五歳
長谷川藤左衛門	長女	長谷川淳子	十四歳
宮坂　某	未来之妻	宮坂しな子	十四歳
小林石左衛門	長女	小林高子	廿一歳
同	次女	同　秋子	十六歳
小林　某	長女	小林岩子	十七歳

福井友吉　長女　福井亀子　十八歳
塚田長作　長女　塚田栄子　十七歳
東井某　次女　東井留子　廿一歳
春日喜作　次女　春日蝶子　十七歳
横田数馬　次女　横田英子　十七歳

父よりの申渡し　母への誓い

一同用意もととのいまして、いよいよ近日出立と申すことになりました時、父が私を呼びまして、

「さてこの度国の為にその方を富岡御製糸場へ遣わすに付ては、能《よ》く身を慎み、国の名家の名を落さぬように心を用うるよう、入場後は諸事心を尽して習い、他日この地に製糸場出来《しゅったい》の節差支えこれ無きよう覚え候よう、仮初《かりそめ》にも業を怠るようのことなすまじく、一心にはげみまするよう気を付くべく」

と申渡しました。

母はこのように申しました。

「この度お前を遠方へ手放して遣わすからには、常々の教えを能く守らねばならぬ。また男子方も沢山に居られるだろうから、万一身を持ちくずすようなことがあっては、第一御先祖様へ対して申訳がない。また父上や私の名を汚してはなりませぬ」

と申しましたから、私はこのように申しました。

「母上様、決して御心配下さいますな。たとい男千人の中へ私一人入れられましても、手込めに逢えばいざしらず、心さえたしかに持ち居りますれば、身を汚し御両親のお顔にさわるようなことは決して致しませぬ」

と申しましたら、母が、

「その一言でまことに安心した。必ず忘れぬように」

と申しました。私は自分で申しましたことを一日も忘れずに守って居ります。

一行の人々も皆このように申されたであろうと存じます。

姉と僕《しもべ》との餞別

私の姉が紙切にこのようにしたためてくれました。

乱れても月に昔の影は添ふ

など忘るなよしき島の道

僕《しもべ》はたんざくに、

曇りなき大和心のかゞみには
うつすも安きこと国の業《わざ》

姉は松代町広小路の真田と申します叔母の家に十七歳で縁付きまして、私より二ッ上であります。只今は埴科《はにしな》郡西条村と同郡東条村両学校の裁縫の教師を致して居ります。松代婦人協会と愛国婦人会の幹事を致して居ります。

この僕は同郡芝村の彦四郎と申す者の次男で、私の父が明治初年から二年まで松代藩の公用人を勤めました時、東京で召使いました者で、山越小三太と申し、一生横田家に多く居りましたが、先年故人になりました。至って正直者でありましたが、先祖が立派な士族で、帰農致しました後はとかく変ったことを致したがりまして、一生家も持たずに終りました。

出立　付添の人々

明治六年二月二十六日、一行十六名、松代町を出立することになりまして、父兄も付添として参りました。金井好次郎・和田盛治・長谷川藤左衛門・小林石左衛門・米山某・小林岩子母等の人々でありました。旅費は富岡で渡りましたように覚えます。一行の内、私の父から取替えてやった人もありますが、そのままに返さぬようであります。付添の人々は皆自費であります。

一同私の宅へ寄りまして、朝の七時頃馴れし我が家を後にして、喜び勇んで出かけましたが、後から考えますと、実に世間見ずほど世に気楽な者はないと存じます。これまで遠い所は八幡《やわた》か善光寺位でその他は知らぬ私共が、見ず知らずの他国へ何の心配もなく出かけますとは、どこまでのん気な者やらと身の毛も弥立《よだ》つように存じます。(只今の世なら当り前でありますが、その頃は中々《なかなか》開けませんのに。)

銘々《めいめい》の服装

河原鶴子さんは紫メリンスの袴《はかま》にやはり紫の羽織、赤のシャツ、お着物は縞《しま》。和田初子さんは黒縞呉絽《ごろ》の袴に同紋呉絽羽織、赤縞ネルシャツ、着物は縞。その他別に変った風はありませんでした。

私の服装

これが実に珍無類、只今なら丁度ポンチ絵にでも有りそうな形で、どのように真面目《まじめ》な人でも一目御覧になれば笑わずにはおいでなされますまい。父が辰年の戦争の時、松代藩を代表して甲州の城受取りに参りました時新調致したと申す黒ラシャの筒袖に、紺地に藤色の織出しのある糸織どんすの義経袴《よしつねばかま》、無論紐《ひも》と裾《すそ》には紫縮緬《ちりめん》が付けてありました。殊に父は二十貫目もある肥満なる人の着ましたのを、そのまま少しも直さずに私が着しまして、例の義経袴をはき、赤スコッチのメリヤスを着込み、羽織は祖母から伝わりました真田公より拝領の打かけ黒縮緬五ツ所紋（わり洲浜《すはま》、只今の男子方の御紋ほどの大きさ）、それを羽織に縫直しまして、私がごくその頃裁縫が下手《へた》でありましたから、紋が合って居りませんと人が笑いましたと後で聞きました。

右を着しまして、意気揚々と歩いて参りました。父は至って新流行を好みましたから、メリヤスなどもその頃あまり着る人のない時私に求めてくれました。何でも西洋人の居る所だから筒袖の方が宜《よろ》しかろうと申しましたから、私も喜んで着て参りました。只今でも母や姉と寄合いますと、そのことを申出して笑います。いかにその頃世間の有様が分らなかったかはその一事でお分りになりましょう。

道中のいろいろ

一行は親類その他の人々に見送られ、またその風俗のおかしさに人が立止り見られて、矢代まで参りますと見送りの人々に別れ、その日は上田まで馬にも駕籠《かご》にも乗らず参りまして、宿屋に一泊致しました。

翌二十七日は追々《おいおい》疲れる者も出来まして、駕籠に乗る人、馬に乗る人、代り代りに致しました。その頃は人力車は一台もありませんから、多く馬に乗りました。只今の方は御存じありますまい、馬の鞍《くら》の両側に炬《こ》燵櫓《たつやぐら》を結び付け、その中に入るのであります。馬一疋《ぴき》で二人乗せます。でくでく歩きますから中々《なかなか》恐ろしくなりました。年のしない人は泣出しました。このようにしてその日は追分の油屋と申す宿屋に泊りました。宿場女郎お竹と申す女中の別品《べっぴん》がお給仕に出ました。

翌二十八日は軽井沢を通り、碓氷《うすい》峠にかかりました。旧道でありましたから中々道が悪《あ》しく、飛石や禰《ね》石《いし》などの難所も思いましたほど難儀ではありません。皆一生の思い出に草鞋《わらじ》をはきたいと申しまして、大かたはきました。名物の力餅のおいしかったことは只今も忘れません。その日は坂本に泊りました。

翌三月一日早朝、坂本を出立致しまして、たしか安中《あんなか》の手前を左に折れ、段々《だんだん》参りますと、高い煙突が見えました。一同いよいよ富岡が近くなったと喜びも致しましたが、ここに初めて何となく向うが気遣わしく案事《あんじ》られるように感じました。それより富岡町に着致しまして、佐濃屋と申す宿屋に入りましたのは未《ま》だ早う御座《ござ》いましたから、町を見ますと、城下と申すは名のみで、村落のような有様には実に驚き入りました。

翌二日、一同送りの人々に付添われまして、富岡御製糸場の御門前に参りました時は、実に夢かと思いますほど驚きました。生れまして煉瓦《れんが》造りの建物など稀に錦絵位《くらい》で見るばかり、それを目前に見まするとことでありますから無理もなきことと存じます。それから一同御役所へ通されました。尾高様・佐伯木様・加藤様・井原様・中山様その他御役人皆テーブルに向っておいでになりまして、色々申聞けられまして、父兄に合札を渡されました。女子の取締の方がおいでになりまして、工女部屋につれられて参りました。その時付添の人も応接室より一同の部屋まで参りまして、皆帰りました。私共は人ずれぬようだからと総取締青木だい子様の隣室に置くと申渡されまして、河原鶴子・金井新子・和田初子・春日蝶子と私と五人一緒に居ました。六畳敷に六尺の押入《おしいれ》二カ所、中々込合いますから四人に致すようと申されましたが、何《い》ずれも放す訳に参りません、皆いやだと申しますからそのように申しましたら、それではそのままで宜《よろ》しいと申されました。

その他の人々も近き所に三人四人と部屋がきまりました。その日入場の時は、私もさすが気恥かしい心地が致しまして、筒袖・袴《はかま》はやめまして只《ただ》の着物に羽織を着て参りました。

その日はそのまま部屋に居りまして、翌三日、いよいよ事業に就きますことになりまして、先に入場して居ります人々は午前六時過ぎ頃その身の場所に参りますが、一番笛で部屋を出、二番笛で入場致すことになって居ります。一番笛のならぬ先から工女部屋の出口に待って居る人が沢山ありますが、その口より一足たりとも外に出ることは許しません。一番がなりますと、工女部屋総取締鈴木様（一人、男子）か副取締相川様（男子）この御両人の内御一人と女の取締の御両人先に御立ち、東七十五間繭《まゆ》置場外長廊下を通り、また七十五間の繰場《くりば》の正真中の正門から入場致しますが、それまで行列正しく参るのであります。その長廊下の真中ほどに御役所がありますから、いつも役人方がその口に出て見て居られます。万一横飛びなど致す者がありますと直《すぐ》に叱られます。

このようにして一同出ました後で、私共一行は前田万寿子と申す副取締の方につれられて、ちょっと繰場に入れ御見せ下され、直に繭えり場に御つれ下され、その日から一同繭を選分けることになりました。この繭置場は西でありまして、同じく七十五間二階建て煉瓦造りであります。

場内の有様

私共一同は、この繰場《くりば》の有様を一目見ました時の驚きはとても筆にも言葉にも尽されません。第一に目に付きましたは糸とり台でありました。台から柄杓《ひしゃく》、匙《さじ》、朝顔二個（繭《まゆ》入れ、湯こぼしのこと）皆真鍮、それが一点の曇りもなく金色目を射るばかり。第二が車、ねずみ色に塗り上げたる鉄、木と申す物は糸枠《いとわく》、大枠、その大枠と大枠の間の板。第三が西洋人男女の廻り居ること。第四が日本人男女見廻り居ること。第五が工女が行儀正しく一人も脇目もせず業に就き居ることでありました。一同は夢の如くに思いまして、何となく恐ろしいようにも感じました。

まゆえり場

一同同場に入りますと、場内を見廻ります高木と申す書生に引渡されました。広く高きテーブルに大勢ならんで一心にえりわけて居りました内の古参の人が参りまして、私共をそれぞれ場所に付けまして、えりわけ方を教えてくれましたが、これが中々六《なかなかむ》つかしくあります。繭《まゆ》の丈から大きさ、しぼのより工合の揃ったのでなくてはいけません。

針でついたほどの汚れがあっても役に立ちません。選分けましたのとえり出しましたのを、高木と申す人と教えた人で改めまして、少しでも落度があると中々やかましく申します。

隣の人と一言でも話しますと、「しゃべってはいけません」としかられます。またベランと申す仏国人が折々見廻りに参りまして、もし話でも致すところを見付けますと、「日本娘沢山なまけ者有ります」と非常に叱りますから、拠《よんどこ》ろ無く無言で選分けて居ますが、只さえ日本造りの風通しの宜《よろ》しい家に住居《すまい》なれた私共が、煉瓦造りの窓位の風で物足らぬように感じますに、山の如く積上げた繭の匂いにむし立てられ、日は追々《おいおい》長くのどかになりますから眠気を催しまして、その日の長く感じますことはお話の外でありま す。困難は兼ねて覚悟のことながら、実に無事に苦しむと申す有様《ありさま》、私もほとほと困《こう》じましたが、ここが父に申付けられたところだ、能《よ》く覚えねばならぬと出立前皆から申されたことや何か思い出しては辛抱致して居りました。

その内段々《だんだん》暖かになりまして、蠅が沢山出て参りました。あまり退屈《たいくつ》でたまりませんで、誰が致しましたか蠅を捕えまして、羽根をもぎまして、蠅の背中にミゴの小さいのをさして、それにまゆの綿をより付けて、繭を一粒付けて引かせました。中々面白うございますから、追々皆が致しまして、私までやりました。私はミゴに小さい紙を付けてさしましたから、丁度旗を立てたようになりまして、皆下を向いて内々《うちうち》笑って楽しんで居ますと、つい高木さんが見付けまして、思わず笑いましたが、また真面目《まじめ》になりまして、これは誰が致しましたと尋ねましたが、一同存じませんの一点張りで通しましたが、その後はこれもすることが出来ません。来る日も来る日も辛抱はして居ますが、一日も早く繰場《くりば》に出られるようにと思いまして、ある時高木さんに、いつ頃繰場に出られましょうと尋ねますと、この二十日頃山口県から四十名ほど入場するからその時出して上げると申されました。それで一同喜びまして、日の立つを楽しんで居ますと、段々匂いにも業にもなれまして、さほどつらいとも思わぬようになりましたが、繰場に出たいと思う心は同じです。

諸国よりの入場者と同県人の大多数

ここでちょっと申します。諸国より入場致されました工女と申しまするは、一県十人あるいは二十人、少きも五六人と、ほとんど日本国中の人にて、北海道の人まで参って居ります。その内多きは上州・武州・静岡等の人は早くより入場致して居られましたから中々《なかなか》勢力が大した物であります。この静岡県の人は旧旗本の娘さん方でありまして、上品でそして東京風と申し実に好いたらしい人ばかり揃って居りました。上州も高崎・安中等の旧藩の方々はやはり上品でありました。武州も川越・行田等の旧藩の方々は上品で意気《いき》な風でありました。さすが尾高様の御国だけに、取締などは皆川越辺の人ばかりでありました。

さて長野県はと申しますと、実に入場者の多きこと二百名近くありまして、私共が一番後から参ったように思われます。小諸・飯山・岩村田・須坂等の方々は中々上品でありました。すべて城下の人は宜《よろ》しいように見受けました。このように申しましたら御立腹になる方もありますかも知れませんが、山中また在方の人は只今のように開けませんから、とかく言葉遣いその他が城下育ちの人のようには参りません。何に致しましてもこのように沢山居りましてはその内に色々の人がありますから、ちょっと行儀悪う御座《ござ》いましても、あれは信州の人だ、また信州の人があんなことをしたこんなことをしたと中々やかましく申しますから、それを私共が見聞き致しますと何とも申されぬほど恥かしく、またつらいように思いまして、私共一同は決して信州と申さぬことに致しまして、長野県松代と申して居りました。只今丁度皆様が洋行遊ばして同胞の行状など悪し様《あざま》に申されるをつらくお思い遊ばすと同じ位《くらい》かと存じます。それで、上州・武州の人は行儀や言葉遣いが正しいかと申しますと、中々悪い人が沢山居りましたが、そこは役人方が多くその辺から出て居られますから勢いが違います。決してはたの人が何とも申しません。実に恐ろしいものであります。

山口県工女の入場と我々の失望

高木さんから申聞けられましてから、一同一心不乱《いっしんふらん》に勉強致しまして、その日の至るのを待って居りますと、いよいよ三月二十日頃山口県から三十人ほど入場致されました。私共の部屋は南下部屋で総取締青木様の隣でありまして、応接室に向ってありますからたとい一人の入場者がありましても直《すぐ》に分ります。殊に三十人ほどもありまして、その頃長州からおいでのことゆえ御様子もよほど違います。袖も短く御着物が大かた木綿の紺がすりの綿入れ、帯も木綿の紺がすりが多くありました。中にはずいぶん上等な衣服を着た方もありました。皆士族の方だと申すことで中々上品でありました。それを見ました私共の喜びはどのようでありましたろう。

いよいよ翌朝は銘々繰場《めいめいくりば》に参る下用意を致しまして、手拭など忘れぬように互に注意を致しまして、やはり繭えり場に出ましたが、今にも繰場につれて行かれるかとそれのみ待って居りましたが、十二時前まで何の沙汰もありません。それからはばかりに参る風にてガラスから繰場の中を見ますと、驚きますまいか、待ちに待ったるその人々は入場直に糸をとることになりまして、皆々口付の教えを受けて居ります。私共は驚きが通り過ぎて気ぬけのしたようになりまして、直にも泣出したい位《くらい》でありましたが、繭《まゆ》えり場にも七八十人も工女が居ります、その中でさすがに泣く訳にも参りません。その内に笛が鳴りまして昼食に帰りましたが、中々《なかなか》食事どころではありません。皆申合したように私の部屋に大勢同行の人々が参りまして、皆泣いて居りました。こんな依怙《えこ》贔負《ひいき》をされてはこの末とてもどのようなことをされるか分らぬと申す者やら、両親がすすまぬのを無理に来たから罰が当ったとか、色々に申しまして、畳に顔を付けて泣いて居りますと、取締の部屋へおいでになりました井原様と申す役人が私の部屋をおのぞきになりまして、私をお呼び遊ばし、皆どうしたのだとお尋ねになりました。私も目を腫らして居りましたが、黙って居る場合でないと存じまして、実は皆繰場に参りたいと存じまして、先日高木様に伺いましたら、山口県の方が御入場次第出してやると御申聞けでありましたから、一心不乱に精を出して居りましたところ、山口県の方は一日も繭えりをなさらずに直に糸とりにお出しになりました。あまり残念に存じまして一同泣いて居る所で御座いますと、恥かしいことや何かに気も付かずに申しますと、井原様もよほどお困りの御様子で、それはどうした都合だか早速繰場の方を問合せて遣わすから、機嫌を直して出かけますようと申されました。その内に笛もなりますから、皆泣顔を直して参りまして、下を向いて事業をして居りました。この日は何事も申さず終日暮しました。

しかし私共一行はどのようなつらい悲しいことがあっても国元へは通信せぬことにして居りました。只《ただ》でさえ遠国へ手放して置く両親兄弟姉妹が中々心配して居られるだろうから、珍らしいこと、面白いこと、場内の広大なこと、規則のきびしいことなどのみを報知して、少しでも喜ばせ且つ安心致させるようにとたがいに戒め合って居りましたから、この事件も別して悲しく感じましたのであります。

高木氏へ質問並びに糸揚げ

翌日になりますと、一行の内年長者なる東井とめ・小林高を初めそろそろ高木さんに過日の約束の違いしことを尋ねました。私もこのように申しました。「先日、山口県の方が御入場になり次第繰場《くりば》へ出して下さると仰せられましたが、いよいよ御入場になりまして、一日も繭えりもなされず、皆糸とりにおなりなされましたは、何故山口県の方ばかり直《すぐ》に糸をおとらせなされまする御都合か伺いとう御座《ござ》ります。私共は国元を出立致します時、父より申聞けられたことも御座いますから、その御様子次第委《くわ》しく申遣わさねばなりませぬ」と申しますと、高木さんも前から心配しておいでの様子で、「お前方の申されるのは実に尤《もっと》もであるが、この度のことは西洋人が間違えたのだから、この次こそは都合して出して上げるから、そのように腹を立てずに居ておくれ」と申されました。その後は何も申さず、一心に精を出して事業をして居りました。

四五日立ちますと、一行の内七八人指をさされました。（ここでちょっと申しますが、何れへ代りますにも決して口で申付けるということはありません。ちょっと手招きをして指をさして、つれ行く人は先に立ち、さされた当人はその人の後から付いて参るのであります。）その時の皆の顔と申しましたら、とても口も結ばれませんようでありました。それより繰場に入りまして、皆糸揚げにされました。その頃富岡製糸場の糸揚げの人は大かた幼少な者でありましたが、また私共のような年の人も居りました。通例は十二三歳より十四五歳であります。

糸とり釜と糸揚げ

その頃釜の数が三百ありましたが、ようよう二百釜だけふさがって居りました。一切れ五十釜、片側二十五釜であります。その後に揚枠《あげわく》が十三かかって居ます。西から百釜分を一等台と申しました。その次五十釜を二等台と、その次五十釜を三等台と申して居りましたが、私はその一等台の南側の糸揚げの大枠三個持つことになりまして、小枠は六角でありまして中々《なかなか》丈夫に出来て居ります。大枠も六角であります。小枠から揚げますに、まず水でしめしまして、下の台に小枠をさす棒があります。それにさしまして、六角の上に真鍮の丸い板金を乗せるのであります。糸が角にかからぬように致しまして、ガラスの上から下がって居るかぎにかけ、それよりあゝやふりゝにガラスのわらびの形の物があります、それに通して大枠にかけるのでありますが、中々面倒なものでありまして、つなぎ目はごく小さく切らねばなりませず、横糸が出ましてはいけません。口の止め方その他色々のことを年下の人に教えてもらいましたが、中々やさしく叮嚀《ていねい》に教えてくれました。

さて弟子ばなれを致しまして、いよいよ一人で揚げますようになりましたが、その切れることはお話になりません。何故と申しますと、糸とりが切っても一向つなぎません。殊に友よりでありますから少しむらになりますと、直《すぐ》に横に参りまして切れます。それを決してつなぐことが出来ません。前に申しました通り機械が鉄でありますから、所々へ油をさします。それが運転致しまして、丁度油墨《あぶらずみ》のようになって居ますから汚れが付くといけませんところから、つなぎますところを見付かりますと大叱られでありますから、枠の廻る所へちょいとかけます。枠をはずします時は丁度短いつづみのようでありますます。それ故切れるの切れないのと、大枠三個持って居ますと小枠が十二かかるのでありますが、中々つなぎきれません。実に泣きました。

糸揚げと迷信

そのように切れますところから、私は常々至って神信心《かみしんじん》を致しまして、毎朝人より一時間位早く起きまして、両親兄弟姉妹その他の心願を一朝もかかさず祈念致して居りましたから、このような時も神の御力を願うより外はないと存じまして、糸を揚げながら一心不乱《いっしんふらん》に大神宮様を祈って居りまして、南無天照皇大神宮様《なむあまてらすこうたいじんぐう》この糸の切れませぬよう願いますと、このことを申続けまして、少々切れぬことがありますと全く神の御助けと信じまして、その間は大枠と大枠の間の板に腰をかけまして、糸を見つめて両手を合せ指と指とを組み、大声に申しつづけて居ります。しかし蒸気の音が実にひどう御座《ござ》いますから、そばに居る人にもわかりませんが、毎日毎日そのように致して居りますから、何を申して居るかと糸をとる人があやしんで後をふり向いて見て居ります。

そして糸をしめしに、明釜《あきがま》の所へ参ってしめすのでありますから、私も明釜へ参ってしめして居りますと、その次の釜に静岡県の人で旧旗本の今井おけいさんと申す人が居られまして、「あなたは毎日何を言っておいでなさるのです」と申されましたが、人に申すべきことでありませんから私は笑って居りましたが、しめしに参る度《たび》ごとにやさしくお聞きになります。あまり親切にお尋ね下さいますので、つい私も申さぬ訳にも参りませんから、「実は糸が切れて切れて困りますから、大神宮様を信心して居るのでありますす」と申しましたら、非常に気の毒がって下さいまして、「私が切れぬように骨を折ってとって上げるから揚げて下さい」と仰せになりまして、とって下さいました。そのことを隣釜の人にもお話しになりまして、その人も気を付けてとって、私を呼んで揚げさせて下さいました。その他にもそのようにして下さいましたから大層楽になりまして、これも偏《ひと》えに神の恵みと喜んで居りました。しかし一心に揚げて居りますことを糸揚場《いとあげば》受持の書生さんが見て居られまして、「能《よ》く精を出します、今に糸とりにして上げる」と仰せになりました。その嬉しさは今でも忘れません。

その内に或日指をさされまして、三等台の北側につれられまして、いよいよ糸とりのお仲間入りが出来ました。

糸とり方指南と新平民

その日私に糸のとり方を教えてくれた人は西洋人より直伝の人で、入沢筆と申す人でありましたが、実にやさしく教えてくれました。退場の時などは私の手を引き妹の如くにしてくれました。私は只《ただ》さえ嬉しく思いますに、また師と敬うその人は右の次第でありますから実に喜びまして、皆信心の徳だと存じまして、その人を私も尊敬して居りました。

その翌日その人は何か止むを得ぬことで休業致しましたから、代りに教えて下さいました方は安中藩の松原お芳さんと申す方で、私と同年位《くらい》で美しいやさしい方で、やはり入沢と申す人の如く私を愛して下さいました。

その日とその翌日お芳さんに習いまして、弟子ばなれを致しまして、新釜と申しまして段々《だんだん》三等の下の方の釜が明きまして其処《そのところ》へ移されました。

その頃教えてくれた人の所へ礼に参ることでありました。私は入沢さんと松原さんと両方へ参りました。その以前から入沢と申す人は七日市の新平民だと人々が私に注意して下さいました。そしてたがいによりますと、「あなたはどなたのお弟子」と尋ねますのが通例でありますが、私はいつも、「松原さんのお弟子」と申しました。入沢さんとは申しませんでした。すべて師弟の間は互に親しみまして、弟子が昇給致しますと非常に喜んで下さいますほどでありますから、なるべく出入にも見付けて手を引合います。一日の師弟ではありますが、入沢さんもやはり私に出合いますと手をお引きになります。私は初の師でありますから殊に敬って居りましたが、心中人が何とか申しはせぬかと心苦しく存じました。今考えますと、実にすまぬことを思ったものだと悔いております。しかし明治六年頃は開けませんから、中々《なかなか》やかましく申しまして実にかわいそうでありました。

父の来場

私の父が徴兵を高崎の営所へつれて参りまして、帰りに場内視察並びに一行動静見聞のため四月初旬頃参りまして、尾高様に親しく御面会致しまして、追って国元に製糸場創立のため諸事取調べたき旨願いました。尾高様は快く御承知下さいまして、場内は申すまでもなく残らず御案内下さいまして、拝見致しまして、書類等までお貸し下さいました。三日間滞在致し、写して帰りました。(従者山岸広作と申す者にも手伝いさせて写しました。)

繰場《くりば》を尾高様が御つれ下さいます。父がつれて参りました従者山岸広作が結髪に洋服を着用致して居りましたので、皆内々笑いまして、これには私も閉口致しました。笑われますのも実に尤《もっと》もなることと存じます。中廻りの書生などは皆洋服ばかりで居りますが、さすが仏国人と日々一緒に勤めて居りますから、その姿勢の正しいこと、えり付のホワイトシャツなどで一点の汚れもありません。髪は美事にわけて水の垂る如くに見えて居ます。只今開けましたこの東京へそのまま参られましても決して見苦しくはあるまいと折々思います。

さて父の滞在中日曜日がありまして、一行十六名父の旅宿に参りました。国元の伝言また様子など承り居りますと、父が柏餅を山の如く出してくれました。何か日頃甘い物もろくろくいただきませんから、一同大喜びで皆尽してしまいました。後年に至りましても折々、お前たちが柏餅を沢山食したには驚いたと笑いました。そこで一同は国元の親たちや兄弟に何ぞ送りたいと申しまして、寒国だから珍しかろうと申しまして茄子《なす》や胡瓜《きゆうり》などを一同から父に頼みましたので、父も閉口したと、これも一つ話になって居りました。

一行残らず糸とり

私共一行は私と同時位《くらい》に皆糸とりになりました（父の来場後）。父よりも製糸場創立のことも承り、また出精《しゆっせい》致しますよう呉々《くれぐれ》も申聞けられまして、一同実に勉強して居りました。一行一同一心に一ノ宮大神宮様を信心致しまして、日曜日などは一ノ宮へ参詣致して、業の上達致しますように祈って居りました。夜分互に行き来致しまして、今日はどの位とれたとか糸が切れたとか、実に余念なく従事致して居りました。

中廻りの次第

仏国人　男　プラット、ベラン
　　　　女　クロレンド、マリー、ルイズ

右の西洋人は上から下まで見廻ります。

日本人　男

国重　某（山口県）　弘　某（山口県）
白根　某（山口県）　佐伯木次郎（山口県）
三好　某（山口県）　長野　某（山口県）
村井　某（山口県）　高木　某（静岡県）
中島　某（静岡県　通訳兼）　某　名失念（静岡県）
児玉　某（石川県）　深井　某（高崎）
村瀬　某（長野県上田）　稲垣　某（長野県小諸）

右は一人にて二十五釜受持、繭えり場・糸揚場見廻りもこの内。

日本婦人中廻り

尾高　勇　この方は尾高様の令嬢、只今は渋沢男御子息の令夫人の筈に有之。
青木けい　総取締青木たい様の御孫
森村　時（武州）　畑　銀（七日市）
太田たい（武州）　笠間　愛（武州）
轟　とね（武州）　若林　若（高崎）
磯貝　某（上州小幡）　その他の姓名忘れました。

右は五十釜に三人、二十五釜に一人ずつ。一人は二時間ごと位に交代。一釜を三人で代る代るに糸をとって居ります。男女二人二十五釜の前を行き来して、糸のむらになりませんように見て歩きまして、太過ぎても細過ぎても切れてしまいます。湯かげん、しけの出し方、蛹《さなぎ》の出し方等やかましく申されます。それで聞きませんと叱られます。その上西洋人が見廻りまして、目に止りますと中々《なかなか》厳しく申します。これは直《すぐ》に工女中の評判になりますから、如何なる者も恥かしく思いますように見受けます。実に規則正しいもので、あれでなければ真の良品は製されぬかと思います。私は後年に至りましてもとかく富岡風で通しました。

皇太后陛下皇后陛下御行啓《ぎょうけい》

たしか六月頃かと存じます。

皇太后皇后両陛下行啓になりますことに相成りまして、その前工女一同紺がすりの仕着せと小倉赤縞の袴《はかま》が渡りました。一同はこれを着て当日業を致すことに極《き》まりました。それで工女一同も皆思い思いに襷《たすき》・手拭等美しく致しましょうと思いまして用意を致し、その日の至るを指を折って待って居ります内に、明日御行啓と申すことになりまして、その日下御見分のため女官の方が五六人御来場になりました。

その女官の方が越後縮《えちごちぢみ》の絣《かすり》のお帷子《かたびら》を召して、御帯はお下げ帯でありました。これは只今の方は御存じのない方もおありかも知れませんが、白の綸子《りんず》でありまして、両端が一尺三四寸ほどがだきしんが入って太く丸く六寸廻りほど御座《ござ》います。それを結んで下げておいでであります。見なれない者には中々《なかなか》珍しく思われます。お髪は昔の椎茸《しいたけ》たぼより一際鬢《ひときわびん》が張って居ります。髷《まげ》は実に小さく、笄《こうがい》は一尺余も御座います。おしろいは真白につけておいでであります。場内の者残らず内々笑いました。

その夜部屋長が部屋ごとに廻りましたから、「今日は女官の方を見て皆さんお笑いになりましたと申すことで、お役所から大そうお小言が出ました。明日は福助さんのような方がおいでになりますが、万一笑った人がありますと急度《きつと》罰を申付けるから、その心得で決して笑わぬよう申伝えるようとのことであります。またお通りの折お辞儀を致してはなりませぬ」と申付けられました。私共一同は中々心配のことでありました。万一笑いましては大不敬に当りますから。

御行啓《ぎょうけい》当日場内の有様

いよいよ当日となりました。場内は実に清潔に掃除致してあります。その頃は三百人残らず揃うて居りまして、下の台のはずれ東入口の所に繭《まゆえ》選りをその日限り致して居ります。

いよいよ正門（これは日々入場致します入口のことであります）よりブリューナ氏尾高氏御先導申上げまして、三等台のはずれ繭えりを致して居る所までしずしずと御行啓になりまして、繭を御覧になりました。この時まで蒸気も車も止めてありましたが、其所へ御行啓になりますと同時に、蒸気を通し車も運転を致しました。それまで工女一同襷《たすき》をはずし、手を膝に置き下を向いて居りましたが、その時直《すぐ》に襷をかけ業を致しました。その日は中々《なかなか》笑うどころではありません。

神々《こうごう》しき竜顔を拝し奉り、自然に頭が下りました。前日御来場になりました女官の方もおいでになりましたが、すっかり御服装が違いまして、白綾の御召物に緋《ひ》のお袴《はかま》でありました。

さて両陛下の御衣は、藤色に菊びしの織出しのある錦、御一方様は萌黄《もえぎ》に同じ織出しのように拝しました。御袖は大きく太き白のじゃばらで、御袖口に飾縫いがしてありました。丁度親王様の御衣のようでありました。緋の御袴を召し、金の御時計のくさりをお下げになりまして、御鞜《くつ》は昔の塗鞜《ぬりぐつ》と拝しました。御ぐしはお鬢《びん》が非常に張って居りまして、お鬢裏《びんうら》が前から能《よ》く拝されます。御下げ髪の先に白紙の三角にしたのが付いて居りました。女官の方も皆その通りの御髪《おぐし》でありました。

それよりまた元の正門の方へ御戻りになります時、下から二切目の北側の角から五六釜目に私はその頃居ました。その後釜に仏国人のアルキサンと申す人が三釜の人をわきによせてその場に入りまして、糸を繰ります所を御覧に入れました。二十分位《くらい》その前に、両陛下御立ち遊ばされまして、御覧になりました。私はその頃未だ業も未熟でありましたが、一生懸命に切らさぬように気を付けて居りました。初めは手が震えて困りましたが、心を静めましてようよう常の通りになりましたから、私は実にもったいないことながら、この時竜顔を拝さねば生涯拝すことは出来ぬと存じましたから、能く顔を上げぬようにして拝しました。この時の有難さ、只今まで一日も忘れたことはありませぬ。私はこの時、もはや神様とより外思いませんでした。六百名から工女が居ますから、ずいぶん美しいと日頃思った人が御座《ござ》いますが、その人の顔を見ますと、血色が土気色のように見えまして、実に驚きました。これより以上申しましては不敬に当りますから見合せます。

それより二等台より一等台に入らせられまして、西繭置場に便殿が御座いましたから其処に御休憩になりました。ブリューナ氏夫妻拝謁仰付《はいえつおおせつ》けられました。

ブリューナ氏夫人並びにクロレント服装

ブリューナ氏の夫人は実に美しい人でありました。ふだん一日置き位《くらい》にブリューナ氏と手を引合って繰場《くりば》の中を上から下まで歩みますのが例でありました。服装はいつも美事でありましたが、御行啓当日《ぎょうけい》の服には実に目を驚かせました。あれが大礼服と申しますのか、胸と腕とは出しまして、白のレイスのような品に桜の花のようなる模様がありまして、その下にも同じような品で二枚重ね、一番下に桃色の服を着して居ります。その色が上まですき通りますから、その美しい神々しいこと何とも言いようがありません。裾《すそ》は六尺ほども引いて居りました。そして白ビロウドのような帯を結んで居ましたが、丁度日本の男子のはさみ帯のように並べて立てたようにして居りました。顔には網をかけ、襟飾《えりかざり》・腕飾・首飾を致しまして、帽子は白い羽根その他の飾が付きまして、美事なことは筆にも尽されませぬほどでありました。

クロレントと申す女教師は仏国の貴族の娘さんだと申す話でありましたが、その日の服装は緋ラシャに縫取りをした上衣に袴《はかま》も実に美しいのを着て居りまして、やはり赤の帯をおはさみのようにして居ました。その他の西洋人は皆ふだん着のままで居ました。

アルキサン

アルキサンは女の教師の内で第一番糸は上手だと申すことでありますが、明治五年の暮の頃、自分が教えた工女から蜜柑を貰いましたことがブリューナ氏に知れまして、直《すぐ》に場内に入ることを禁ぜられまして、ブリューナ氏の小児の守をして居りましたが、御行啓《ぎょうけい》に付きまして許されましたと申すことで、その日から出場致しまして、その後は折々工女の釜に付きまして糸を繰りましたが、実に落着いて居りまして上手でありました。

御還啓《かんけい》

しばらく御休憩の後御還啓になりました時は、工女一同場内の広庭に出まして御見送り申上げました。この時私共は初めて、騎兵が御供して参りましたので当時の兵士を見ました。

両陛下竜顔うるわしく見上げ奉りました。

御還啓後、便殿になりました所を拝しました。色々飾り付けてありましたが、只今のように美事ではありませぬ。木で拵えました長さ六尺ほど幅三尺ほどの平箱に花菖蒲が植えてありました位《くらい》なものであります。実にその頃はすべて質素なものでありました。

御酒頂戴　御扇子下賜《せんすかし》

陛下より賜わりますとのことで、工男工女その他係り一同役人方まで御酒頂戴がありまして、お肴は二三種で手軽な御料理でありましたが、諸役人方取締まで、今日は何をしても宜《よろ》しい、芸尽しをするようにと部屋部屋をお伝えになりまして、芸のある人は色々のことを致しました。その内に取締の方が、長野県出身の工女に、「お前さん方のお国には盆踊があるということだが、知っておいでなら踊って下さい」と申されました。初めは皆引込んで居ましたが、余りおすすめになりますので、四五人踊りますと、一人増し二人殖えて段々《だんだん》多くなりまして、二三十人踊りまして、私も踊りましたところ、尾高様・青木様初め諸役人方大そうお喜びになりまして、工女たちも山の如く見物致して居ました。

たいがいにしてその日は止めましたが、これが元になりまして実に困ったことが出来ました。東京その他より製糸場にとって大切な方がおいでになりますと、盆踊をしてお目に懸けてくれと取締の方が申されます。嫌だと申せば後が心配になりますから、その度《たび》に引出されました。こんな馬鹿馬鹿しいことはありません。

程立ちまして、菊・桐の銀箔で御紋章の付きました御扇子を工女一同拝領致しました。只今に実家の方に大切にして秘蔵致して置きます。

夕涼み

段々《だんだん》暑気が強くなりますに従いまして病人が沢山出来て参りました。洋医の申しますには、大勢部屋にとじ込めて置くから病気になるのだ、夕方から夜八時半頃まで広庭に出して運動させるようにと申しましたとのことで、毎夕広庭に出まして遊ぶことになりました。役人取締が付添いまして九時頃まで遊びます。

さあこうなりますと、また例の盆踊の御催促がしきりにありますから踊り始めますと、段々沢山になりまして、他県の人まで加わります。一時実に盛んなことでありましたが、ここに競争者があらわれました。山口県から参って居ります五十何人の方々でありました。信州の人が盆踊を盛んにおどるから山口県の者も負けぬように踊るが宜《よろ》しいと申されまして、毎日毎日休みの時間に部屋部屋で下稽古をして居られましたが、その内に十分用意が調いましたと見えまして、夜分庭に出ますと始めましたが、何を申すも人数が少《すくの》う御座《ござ》いますから、とても長野県の人に叶《かな》いません。しかし踊が信州の盆踊と違いまして、何か御座敷で踊るような踊と見えます。中々《なかなか》高尚であります。これから、前にも申しました通り佐伯様初め勢力の有る人が出て居られますから、段々山口県の方へ加わる人が出来ましたはまだしも、高張提灯《たかはりぢょうちん》まで山口県の踊の所へ立てまして、長野県の方を真暗にしてしまいまして、部屋長や取締まで助力するように見えましたから、長野県出の人々は大立腹致しまして、踊なんぞ何でも宜しいが、初めはいやだと言うのに無理にすすめて置いて、今になって山口県の人々に助力する上に高張まであちらへ二本も持って行くとは実に依怙贔負《えこひいき》だから、長野県の人は明晩から一人も庭に出ぬことにしようと、誰が申出しましたか、それからそれと伝わりまして、翌晩は一人も出ません。蚊帳《かや》の中に休んで居ります。

さあこのようになりますと、庭はすきずき致します。何を申しましても長野県の人が二百名近く居ることでありますから、役人方・取締・部屋長まで驚かれまして、部屋部屋を見廻りまして、是非是非出ろと申しますが、皆お腹が痛いの頭痛がするのと申しまして、皆出ません。引出されましても直《すぐ》に戻って参ります。私の部屋は前々述べました通り青木様の隣でありますから、初めは遁《のが》れましたが、是非出ろ是非出ろと手を取ってつれ行かれまして、拠《よんどこ》ろなく出まして、後から見て居りましたが、後で皆々に小言を申され、実に心苦しいことでありました。

しかし私は皆に申しました。「どう見ても山口県の踊は高尚でもあり、このようなことでつまらぬ争いをしたところで何の利益も無いことだから、私はこれから見物して、信州決して国の盆踊は踊らぬ」と申しました。追々《おいおい》同意者がありまして、これから後、信州の踊は止めました。皆さんはさぞ歯痒《はがゆ》いと思いましょうが、このようなことで憎まれたり争ったりして、第一の業にまで障りましては両親に対しても済まぬと心付きましたから、山口県の方々に勢力を奪われましても、私共は決して恥かしいとも何とも思いませんでした。今から考えましてもよいところで見切りを付けたと思います。しかし引手のあると申すものは実に恐ろしいものと存じます。

河原鶴子さんの病気

私共一行の人々はその後も一心に勉強して居ましたが、ある日、河原鶴子さんが急に不快だと申されまして、驚きました。その日は部屋に休んで居られましたが、急に足がひょろひょろすると申されましたから、翌朝病院に参られまして、診察を受けられますと、脚気だとのことで、その日頃から足は立たぬようになられましたから直《すぐ》に入院致されましたが、追々《おいおい》様子が宜《よろ》しくありません。私は休みの時間ごとに見に参りましたが、二日目頃はよほど悪いように見受けました時、私の驚きはとても筆にも言葉にも尽されません。初め両人で参るとさえ申した位《くらい》でありますから、互に力になり合わねばなりません。私より年は四つ下で、大家に育ち、大勢の人にかしずかれて居られましたことは私が能《よ》く存じて居ります。

殊に脚気はその頃全快せぬとさえ申しましたから、私は泣く泣く部屋長の所へ参りまして、「これから直に私はお鶴さんをつれて帰国致したい、碓氷《うすい》峠を越せば薬をのまずに全快すると国で申しますから、何とぞ願って下さい」と申しましたから、部屋長から取締に申出し、また病院へも問合せになりましたが、帰国致さずとも決して命に別条はないと申されまして、その日から私が看病することになりましたが、段々《だんだん》様子が宜しくありません。食事も進みません。第一足が少しも立ちませんから、はばかりにも私が肩にかけてようようつれて参りまして、子供に手水《ちょうず》を致しますように後から抱いて居るのでありますが、何分私も年弱の十七歳、力もありませず、中々《なかなか》骨が折れましたが、一生懸命で居りましたから格別苦労だとも思いませんで、一日も早く全快致されますよう朝夕神信心をして居りました。只今のように便器でもありますと、病む人も看病致す私もどのように楽でありましたろう。大小用の度《たび》ごとに互に骨が折れました。

が、それは未だ宜しゅう御座いますが、病人の食事は病室へ参りますが、私は自分の部屋へ三度三度に参らねばなりません。病院は工女部屋の東の端の向うにあります。私の部屋は西の端にありますから、七十五間と十間余、丁度八十五間余の所を往復致さねばなりません。私は行きも戻りもいつも駆足《かけあし》で、食事致しますにも大急ぎでしまいまして、部屋の人達と話も致さぬようにして戻りますが、待たるるとも待つ身になるなと申す諺の如く、病人は待遠で待遠でなりませんから、お英さんはお部屋へ行って遊んでおいでなさるから手間がとれるの何のといつも申されますが、私は実につらく思いまして、一人涙をこぼしたことが度々ありますが、思い直して、からだが自由におなりなさらず年も行かぬ人だから無理もないと、だましすかして慰めて居ります中に、日数も段々立ちまして三カ月近くなりまして、少しは快くなられまして、入湯することになりまして、湯殿までおんぶして参り、私も共々はだかになりまして抱いて入るのであります。友だちがのぞきまして笑いましたが、私は笑うどころではありません。

まずこのようになられましたところで、尾高様青木様なども、横田英ばかり永々看病させては気の毒だから、同行の中で代り代りに看病致しますよう、と申されました時の私の喜びはどのようでありましたろう。決して看病が苦労だからと申す訳ではありませんが、毎日出て居りましてさえ未熟なところを、何カ月も看病致して居りましては業の上達することが出来ません。その病院から伸び上って見ますと、皆々笛の鳴ります度ごとに通行致しますのが見えますから、とかく伸び上りますと、病人がそれを気にかけてむずかしく申されます。私はこのような心配をしたことはその時までには初めてでありました。

そこで同行の人々一週間交代と申すことに致しましたが、私は休みの時間ごとに見舞いに参りますと、目に涙をためて喜ばれまして、私の参るごとにはばかりにつれて参ることにきめて居られました。馴れぬ人がおつれ申しますと、痛いとか工合が悪いとか、また人によりますと臭い臭いと申しましたとか、それで私も、参らねばさぞ待って居られるだろうと心配になりますから、一度もかかさず夜分まで参りました。

その内段々快方に向われまして、つかまり立ちの出来るようになられました頃、父君がおいでになりまして、ついに帰国致されましたが、互に泣別れを致しました。そのお鶴さんは只今ではお雪さんと申されまして、耶蘇《ヤソ》の伝道師になって居らるるように承りました。

一等工女

さて私共一行は皆一心に勉強して居りました。中に病気等で折々休む人もありましたが、まず打揃うて精を出して居ります。何を申しましても国元へ製糸工場が立ちますことになって居りますから、その目的なしに居る人々とは違います。その内に一等工女になる人があると大評判がありまして、西洋人が手帖を持って中廻りの書生や工女と色々話して居ますから、中々《なかなか》心配でなりません。

その内に、ある夜取締の鈴木さんへ呼出されまして段々《だんだん》申付けられます。私共は実に心配で、立ったり居たり致して居りますと、その内に呼出されました。

「横田英　一等工女申付候事」

と申されました時は、嬉しさが込上げまして涙がこぼれました。

一行十五人（その以前坂西たき子は病気で帰国致されました）の内、たしか十三人まで申付けられましたように覚えます。呼出しの遅れました人は泣出しまして、依怙贔負だの顔の美しい人を一等にするのだのとさんざん申して、後から呼出しが来て申付けられました時は、先に申付けられた人々で大いじめ大笑い、しかし一同天にも昇る如く喜びました。残った人は皆年の少い人で、中には未だ糸揚げをして居た人もありました。月給は、一等一円七十五銭、二等一円五十銭、三等一円、中廻り二円でありました。一等工女になりますと、その頃は百五十釜でありまして、正門から西は残らず一等台になりました。私は西の二切目の北側に番が極《き》まりまして、参って見ますと、私の左釜が前に申述べました静岡県の今井おけいさんでありましたから、私の喜びは一通りではありません。また今井さんも非常に喜んで下さいました。その日から出るも帰るも手を引合いまして、姉妹も及ばぬほど睦しく致して居りました。この台の受持の書生さんは深井さんと申しまして高崎の方でありましたが、私の父の心安く致しました同藩の玉川渡と申す人の夫人の甥の方だと申すことがその後分りました。玉川の御子息がその深井さんにつれられて見物に参られた時私に目礼されましたので、何国へ参りましても身元が分るものだと感心致しました。この台へ参りましてから業も実に楽になりました。繭は一等でありますから大きい揃ったので、たちも宜《よろ》しゅうありますから、毎朝繰場《くりば》へ参るのが楽しみで、夜の明けるのを待兼ねる位に思いました。皆同じことだと存じます。

国元より工男の入場

父が富岡へ参りまして実地視察致しまして、製糸場を創立致しますにはとても工女ばかりでは出来ぬことを見極めましたので、帰国後そのことを申しましてすすめました。その人々は海沼房太郎田中政吉外二名の名を忘れましたが、七日市に宿をとりまして、日々御場所へ通勤致して居りましたが、中々《なかなか》繰場《くりば》に出る訳に参りません。繭《まゆ》置場その他の雑業に従事致して居りました。或者は蒸気の火燃場その他枠はずし位《くらい》までは致したように覚えますが、その後三四カ月で皆帰国致しました。この海沼房太郎と申す人は六工社創立の際大里氏と共に蒸気機械の発明を致したのであります。委《くわ》しくは六工社創立のくだりで述べます。

年の暮

追々《おいおい》寒くなりまして、もはや一月も間近くなりました頃、部屋には年中土焼の火鉢がありまして、三度三度に賄方《まかないかた》の女中が火を配ります。炭は大箱に出して梯子段《はしごだん》の所に置いてありますから、銘々《めいめい》持って参りまして、おこしますが、遅くなるとありません。夜具は一人に付四幅布団《ふとん》が二枚渡されて居りますが、中々《なかなか》寒くありますから、両人ずつ一所に休みますが、とかく手水《ちょうず》に参りますはばかりが至って離れて居ります。私の部屋からは二十間位《くらい》あります。廊下には懸行燈《かけあんどん》がつけてありましたが、種油でありますから実に暗いことであります。恐ろしいと思いますのでつれ誘いをして参りますが、私は人並はずれて度々《たびたび》参りますので、そうそうつれがありません、いつも目を塞いで行き帰り致しました。行く時は静かに参りますが、帰りにはいつも駆足《かけあし》で参りまして、いよいよ部屋の口に入りますと俄《にわ》かに恐ろしくなりますので、障子をひどく閉めまして、青木さんから度々お小言を申されました。なぜこのように恐いと申しますと、中々広い部屋の長廊下でありますから、折々狸か貉《むじな》がいたずらを致しますと見えまして、板塀の上に生首があったの、はばかりの中から毛ものが首を出したのと大評判があります。

ある夜、私共部屋の和田さん金井さん春日さん私とやはり南部屋の東はずれの二階部屋へ遊びに行きまして、帰りに夜が更《ふ》けまして廊下の燈《ひ》も消えてしまい、四人一かたまりに恐い恐いと心中で思って帰りますと、中の梯子段の際の部屋から火が見えました。その部屋は長く明《あき》部屋でありましたから、どうして火が有るかあぶないと思いまして見ますと、実に青い火でありましたから驚きましたが、申したら皆恐ろしがるだろうと存じまして、無言で通過ぎまして、その次の梯子段を降りました時春日さんが、今の火は何でしょうと震い声で申されましたので、一同きゃっと申しまして、なぜそのようなことをここでおっしゃいます、それだからなお恐ろしくなったと、三人で大小言を申しまして、早々《はやばや》駆込んで寝てしまいました。銘々見た所が違います。私は破れ障子から見えました。後の三人は梯子段の隅または梯子段の通り。その翌朝早々参って見ますと、障子は破れて居りません。これは只今でも不思議と思って居ります。その他色々のことを申す人がありますので、実に夜分恐ろしくて困りました。

賄方《まかないかた》の芝居

たしか十二月頃かと思いますが、ある日事業済み後部屋長から、今夜お賄《まかない》にお芝居があるから参って見るようにと申されました。大喜びで皆参りました。何個もあります大釜の上に舞台が出来まして、花道は本式にかかって、賄方の番頭共が皆役者になりまして、かつらをかむり、衣裳なども皆本物で致します。何と申す芝居か名は忘れましたが、白玉と申すおいらんが恋人と道行の所で、色々台詞《せりふ》を申して居りますと、花道から製糸場と印のある弓張提灯《ゆみはりぢょうちん》を持って副取締の相川と申す方と中山様と申す役人がつかつかと出て参られました。私共はやはり芝居をこの方々まで遊ばすのかと見て居ますと、いきなり白玉になって居ります者の領髪《えりがみ》取って投げ付け、恋人も突き飛ばし、蹴倒し、大声で罵《ののし》っておいでになりましたが、未だ気が付きませぬ。その内に芝居方は申すまでもなく女の取締の方々から部屋長の人々まで総立ちになりまして逃げ出しました。これで初めてこの芝居は、男の工女部屋取締にもお役所の方々にも御内々で致したことと気が付きました。その後が中々《なかなか》面倒になりまして、総取締の青木さん、副取締の前田さんなどもよほど尾高様その他からお叱られになりましたようでしたが、何分女の取締一同皆同意でありましたからそのまま済みました。私共は大失望でありました。今でも折々思い出しまして一人笑い致します。

お年取

事業も十二月二十八日に終いになりまして、いよいよ三十一日になりますと、今夕はお年取だがお賄《まかない》では何を出すだろうと申して居ました。いよいよ夕食に参って見ますと、虫のさした鯵《あじ》の干物に冷飯と漬物、一同驚きまして、ろくろく御飯も頂きませず、部屋に帰り、皆ぶつぶつ申して居りました。しかしおかちんだけは渡りました。一升桝位《ますくらい》な四角さの薄き物二枚ずつ、今から考えますと中々《なかなか》大したことであります。三ガ日は羽根をつきまた鞠《まり》をつき、市中へ散歩に参り遊びまして、たしか四日から事業を致しました。しかし業は進みますだけ楽で面白くなりますから、少しも退屈致しません。

食物のこと

私共入場致しました頃は、皆自分の部屋で食事を致しました。部屋の入口の上にかけ札があります。その人数だけ御飯もお菜も置いて参るのであります。三度三度に半切《はぎれ》に御飯を入れて車で挽《ひ》いて参りました。不足の時は呼んで貰いましたが、十一月頃から大食堂が出来まして、御飯の茶椀と箸だけ持って行くのであります。

その時は取締の方々総出で見張っておいでになります。実に食し方が早くあります。ぐずぐずして居りますととり残しになりますから皆急いで食してしまいます。一日と十五日と二十八日が赤の飯に鮭の塩引、それが実に楽しみでありました。只今と違いまして上州は山の中で交通不便でありますから、生な魚は見たくもありません。塩物と干物ばかり、折々牛肉などもありますが、まず赤隠元の煮たのだとか切昆布と揚蒟蒻《あげこんにゃく》と八ツがしらなどです。さすが上州だけ、芋のあること毎日のようでありますから閉口致しました。朝食は汁に漬物、昼が右の煮物、夕食は多く干物などが出ました。しかし働いて居ますから何でも美味に感じましたのは実に幸福でありました。

尾高様は折々御飯を食べて御覧になりました。或時臭いの付きました御飯を配る所をお見付けになりまして、賄《まかない》の頭取が出されまして大騒ぎでありましたが、その後ようよう詫びが叶《かな》いまして、その後は決して悪《あ》しくなった物を出しませんでした。

祖父病気の報知

一月も末の頃、国元よりの便りに祖父が大病でとても全快覚束《おぼつか》ないと申して参りました。私の驚きは一通りではありません。宅に居りました時は実に行儀作法その他きびしい人でありましたから随分心配も致しましたが、つまり私共を愛してくれますからのことでありますから、私も入場後何ぞ珍しいことを申遣わしたら喜ぶだろうと存じまして、廻らぬ筆で色々通信致しまして楽しんで居りました。また私が業を卒《お》えて帰国致しましたらさぞ喜んでくれますだろうとそればかり楽しんで居りました。

その中に六《む》つかしいと申して参りましたから、また神の御力を願うより外はないと存じまして、一ノ宮大神宮様を一心に信心致しまして、その内二月十一日に休みでありましたから、一ノ宮へ参詣致しました。道々の梅も真盛りで天気ものどかでありましたから、心中祖父が全快する前兆だと喜んで帰場致しました。

その翌日国元から書状が届きまして、同月八日養生叶わず死去致したとのことで、私の愁傷は筆に尽されません。年は七十五歳でありました。寿命は致し方ないとようよう諦めました。その後母からの文に承りますと、衣類など新しいのを病中着せようと致しましても、これはお英が西条製糸場（六工社のこと）を開いた時見物に着て行くのだと申して、何程だましても着なかったとのことで、私はひとしお涙がこぼれました。その前ついでがありまして、祖父の所へ私が砂糖を送りました。それを大事に大事に致しまして、これはお英が送ってよこしたのだから大事にせねばならぬと申しましたとのことで、私をどこまで愛してくれましたことかと、只今に折々思い出しまして涙がこぼれます。

お花見

三月末頃でありました。製糸場一同（工男は参らず）は一ノ宮へお花見に参りました。役人方、取締一同、賄方《まかないかた》、中々《なかなか》盛んなことでありました。尾高様をはじめその他（工女は申すまでもなく）おいでになりました。その前日北海道から工女が両名入場致しました。その人も参りまして、その工女を送っておいでになりました役人もおいでになりました。ラッコの皮の外套を着て居られました。私共はその役人も工女も皆アイヌ人種かと思って居りました。後から考えますと決して左様ではありませぬ。工女ばかりも五六百名、その他の人で七百名余も居りました。

その日は三味線もありまして、工女の内でひきます人も中には本手に踊ります人もありまして、実に面白いことでありました。工女も皆十二三より二十五六歳位《くらい》までの者が揃って、ふだん日なたに出ず毎日湯気に蒸されて居ますから、髪の艶《つや》顔の色実に美しいことで、とても市中の婦人と場内の人では一つになりませぬ。入湯も一日も欠かしませず、身嗜《みだしな》みも宜《よろ》しゅう御座《ござ》いますから、別品《べっぴん》さんが沢山居られました。女の目で見ましてさえ十二分の楽しみ気晴しを致しまして、夕方一同帰場致しました。このようなことは毎年あります。前年は小幡城跡へ参りましたが、このように盛んではありませぬ。芝居にも折節一同参ることがありますが、その日は小屋残らず場内の人ばかり他の人は一人も入れませぬ。

四月頃

四月初旬頃、或日青木様へ私が呼ばれました。何御用かと参りますと、尾高様がおいでになりまして御申しに「お前方一同能《よ》く精を出して実に感心だ。この後も御場所の御為明年までも止って勤めくれるよう」と申されましたから、私は「国元へ製糸場の立ちますまではいつまでも御場所に居り、一心に精を出しまする心得で御座《ござ》ります」と申しましたら、「一同にもその由申伝えくれ」と申されましたから、直《すぐ》に帰りまして一行の人々に申しますと、皆同意でありまして、尾高様も大きにお喜びになりまして、私の父へも御書状を下されまして、また表向き県庁へもお遣わしになったとのことであります。
(その御書状は只今も私が持って居ります。)

そのように申されましてお喜び下さいましたが、国元では埴科郡西条村字六工《ろっく》にいよいよ製糸場創立になりますことに極《き》まりまして、六工社《ろっこうしゃ》と名が付きまして、社長は春山喜平次、副社長大里忠一郎、その他元方増沢利助、土屋直吉、中村金作、宇敷政之進、岸田由之助の諸氏で、日々工事を急ぎまして、五月末頃にはよほど工事も出来致《しゆつたい》しましたとのことであります。

一ノ宮参詣並びに鈴木様と西洋婦人

四月末頃、私共一行の三四人と武州行田《ぎようだ》の人お琴さんにお沢さんその他両三人、一ノ宮へ参詣に参りました。丁度お宮の御門の所で工女取締（男子）鈴木様もおいでになって、お目に懸りました。そこへ御雇教師仏国人クロレンド、マルイサン、ルイズ三人づれでこれも参詣か見物かに参られまして、門内に参ろうと致しましたが、鈴木様がどうしても門内にお入れになりません。「これから帰る宜《よろ》しい。門内に入ってはいけませんと申されまして、一足も中へお入れになりません。そう致しますと、マルイサンと申す婦人はその前から病気で居りまして、実に瘦せ衰えて居りまして、ようよう一ノ宮まで参りましてお宮へ入ることが出来ませんから目に涙をためまして、「私この次どんたく（休日）一の宮まろ（参る）ありまっせん。中見たいあります」と度々《たびたび》申しましたが、中々《なかなか》御承知になりません。それで外のクロレンド、ルイズ両人で何か色々申しなだめまして、そこから帰りました。私共も教師たちと一所《いつしよ》に帰りましたが、実に気の毒で涙がこぼれました。鈴木様は、彼等が肉食を致しますから神宮の境内が汚れるとお思いになりまして、それでお止めになりましたように見受けました。

鈴木様も一緒にお帰りになりましたが、教師方が私共を異人館に同道したいと申しましたら御承知になりました。私共六七人皆一緒に参りまして、ビスケット・葡萄酒の御馳走になりました。この時生れて初めてビスケット・葡萄酒など食しました。残って居りました教師が裁縫をして居りました。只今考えますと、あまり広からぬ室に一同居りましたように思われます。此の後半月ほど立ちまして、ブリューナ氏初め一同帰国致しまして、仏国人その他外国人は一人も居らぬようになりました。

桝《ます》数

一等工女の日々繰ります桝数は四升五升位《くらい》がその頃通例でありました。私もその位ずつとりました。今井おけいさんは中々《なかなか》桝数が上りまして六升位おとりになりましたから、私も一生懸命になりまして、追々《おいおい》六升位とれますようになりました。

その頃同じ切《きれ》の南台東の角に武州押切と申す所から出て居りましたたしか小田切せんとか申す十九か二十歳位な人が居りましたが、中々元気な人で、桝数も六七升とって居りましたが、或日その人が八升上げました。これが富岡創業以来初めてと申す桝数でありましたから、受持書生（佐伯木次郎）中廻りの工女も大喜びでありました。そのことが場内中の大評判になりまして、書生たちが皆見に参ります。私共も驚いて居りました。私共台の受持書生深井さんが、今井さんと私の間の前に立って見て居られましたが、やがてこのように申されました。「今井おけいさんも横田お英さんも、向う台の小田切せんは八升とりました。お前さん方も八升とったらどうです」と申されましたが、両人口を揃えまして、「中々私共が八升なんてとれません」と申しましたら、深井さんは何とも申さず行っておしまいになりました。そこで私が今井さんにこのように申しました。「おけいさん、おせんさんが八升おとりになりましたとて皆大騒ぎをしておいでになりますが、私共とて同じ繭で同じ蒸気、一生懸命になったらとれぬこともありますまい。明日からやって見ましょうではありませぬか」と申しますと、今井さんも至極そうだと申されまして、いよいよ明朝からと申す約束を致しました。

その頃一等台に居りますと、繭が宜《よろ》しゅう御座《ござ》います、手は馴れて参ります、実に楽でありますから怠る訳ではありませんが、中廻りや書生が向うを向いて居りますと折々話も致します。殊に心の合った両人並んで居りますことでありますから、はばかりに参りますにも二人づれで参りまして、ゆるゆる歩いて参りました。物を申されぬ時は両人横目の遣い合いを致しまして、中廻りや書生に笑われたこともありましたが、その翌朝場に付きましてからは両人とも無言、決して目遣いも致しません。はばかりにもなるべく参らぬように致しまして、是非参らねばならぬ時は往復とも駆出《かけだ》して参る位に致しまして、一生懸命にとって居ましたから、かつがつ七升余とれました。そのように致しまして、たしか三日目頃両人とも八升上りました。両人の喜びはどの位かわかりません。受持中廻り深井さんなどは実に喜ばしそうに両人の顔をにこにこして御覧になりまして、「能《よ》くとれました。これから毎日このようにおとりなさい」と申されました。

このことがまた場内中の評判になりまして、書生たちがどのようなことをしてとって居るかと思われまして見に参ります。しかし別にとり方が違う訳ではありませぬ。ただ油断が無いのと糸を切らさぬように用心を致しまして、湯を替えるにもとりながら追々さして、わざわざ手間を潰して替えると申すようなことを致さぬように気を付けて居りますばかり、すべて無益な時間のかからぬ用心のみ致しました位、その頃富岡では落繭《まゆ》並びに蛹《さなぎ》を釜の中に置きますこと、湯を濁らすことを確《かた》く禁じてありましたから、その辺も、桝は上るが釜の中が穢《きたな》いなど申されぬよう致して置きました。

夕方部屋へ帰ります時も嬉しくて嬉しくてにこにこして部屋に入りますと、皆帰って居られまして、第一番に和田さんが「お英さん、今日は八升おとりになりましたってネー」と申されましたから、「はあ、どうやらこうやら八升とれました」と申しますと、「そんなにとれる筈がない。七粒八粒付けてとったのに違いない。桝数を上げさせたがって深井さんも黙って見ていらっしたのだ」と申されますから、私が「なんぼ深井さんだって七粒八粒付けさせて黙って見ていらっしゃるものですか。西洋人だって目があります」と申しましたが、まだ色々申されますから、「そんならそうにしてお置きなさい」と申しまして、私は相手になりません。色々争いまして青木さんへでも聞えますと、どちらが勝ちましても松代工女の名に障りますから。その頃富岡では細糸でありまして、厚繭揃いなれば四粒、薄繭が二つ或は三つ交《まじ》りで、五粒付けてありました。六粒になりましても三粒に致しましても切られました。その夜はそれで休みましたが、和田さんはごく負けることの嫌いな人でありましたから、その翌朝から一心に桝を上げることを思い立って居られました様子で、その夜七升ほどとれたとか申して居られましたが、私は何とも申さず、自分が八升つづけることばかり心にかけて居ましたから日々上げて居りました。

すると三日目か四日目頃、深井さんが私共の前に立って、時計台の角から二番目の和田初という人が今日八升上げたと申されました。私は心中おかしくておかしくてたまりません。夕方部屋へ帰りましたが、私は何とも申しません。すると和田さんが、「ようよう今日こそは八升とれた」と申されましたから、私は笑いながら、「それは結構でした。やはり七粒も八粒もお付けになりましたか」と申しますと、ははと笑われまして、「あんなこと言って御免ネ」と申されました。私がまた、「それだからあまりためさぬことを色々おっしゃらぬが宜しゅう御座います。私だからよいけれど」と申しましたら、「これからもうあんなことは言わぬ」と申されましたので、私も大笑い、両人でとり方に付き色々話合い、大笑いを致しました。

この日頃は追々一行の人々も皆負けることは嫌いでありますから、酒井、春日、小林高、福井、東井、その他の人々にも八升とる人が沢山出来ました。その他の人々にも追々出来まして、余り珍しくないようになりました。折節切れたりとり悪かったりして七升位になりましても、深井さんが「怠けてはいけません」と申されます位でありましたが、しかし何業でも同じことでありますが、負けぬ気が第一かと存じます。

業が上達致しますと、同じ枠をはずしますにも上達した人のを先に致します。書生はもとより中廻りでもいつもにこにこして、何を頼みましても直《すぐ》に聞入れて下さいます。やれいこひいきだの何のと申します人は、まず業の出来ぬ人の申すことかと存じます。我が業を専一に致しまして人後にならぬよう続けて居ますと皆愛して下さるよう思われます。私共一行は野中の一本杉の如く役人も書生も中廻りも一人も松代の人などありませんが、皆一心に精を出しましたから、上は尾高様より下は書生中廻りに至るまで、皆台は違った所に居りましたが愛されて居りましたから、帰国の折も皆さんから名残を惜しまれました。ちと申過ぎますかも知れませんが、少しも飾りのないところであります。

糸結び

五月末頃には六工社《ろっこうしゃ》の工事もよほど出来致しましたとのことで、私の父から尾高様へその旨申上げまして、製糸業一通りのこと覚えさせて頂きたく願いましたとのことで、私は六月一日頃から糸結びを致しますことを命ぜられました。同時に和田初子さんも申付けられました。

糸結びは多く年長の人または目の悪《あ》しき人等が致します。私などの年の人はありませぬから、場内の人残らず目を付けて見て居ります。馴れました人の後から才槌《さいづち》を持って大枠のはずしてある所へ参りまして、結びまして、繭を入れます蒸籠《せいろう》に並べます。それが一杯になりますと、役所の糸仕上げ場へ持って参りまして、何本と申す受取を帳面に付けて貰って来るのであります。

この糸結びも中々六《なかなかむ》つかしくあります。上手な人が結び方、なれぬ人が捩《ねじ》り方を致すのでありますが、とかく丸くなります。所々潰れます。中々一月や二月で結び方には致しませぬが、尾高様から私共のこと御話しになってありましたと見え、一週間余で教えて下さる人が結んで見ろと申されますから、結びましたが、とかく蛤《はまぐり》の所が捩れます。実に心配でなりません。毎夜部屋で和田さんと両人で手拭を継合せて糸の幅位にして、結び方になったり捩り方になったりして稽古を致しました。それでもようよう結ばれる位《くらい》でありましたから、教えて下さる方が折々「あなたでもお国へお帰りになれば先生だ」と申されますと、恥かしくて顔が赤くなりました。しかし親切に教えて下さいまして、四百廻までとらせて下さいました。

ちょっと大枠のことをお話し申しますが、富岡は一等二等繭は六角枠で三升がけであります。六工社のよりよほど大きく寸が長くあります。三等繭は四角な大枠にかけます。やはり三升がけでありますが寸は六工社のより少し短いようでありました。このようになって居りますから、少しも間違いなどはありません。

糸をとりますより心配は少く中々面白う御座《ござ》いました。和田さんと私は別々の人に習いましたから、受持場所が違って居ます。遠くからちらちら見ゆる位で、一日一緒になることは部屋に帰った時ばかりでありました。糸を結び、役所に納めて参ります、その間に四百廻もとります。骨は折れますが中々楽しみのように思われました。それに教えて下さる人がまたやさしい人で、私を実に愛して下さいました。

国元より迎いの人来る

七月の初めに、いよいよ六工社《ろっこうしゃ》創立に付き宇敷政之進、海沼房太郎両氏、松代工女一同御暇賜わり度《た》くとの願書を持って富岡御製糸場へ出頭致されました。

尾高様も非常に御喜びになりまして、早速御聞届けになりまして、申されますよう、

「このような愛度《めでた》きことはこれ無く、御場所創立以来この度が初めて、実に悦ばしい。

しかし今この出精《しゆつせい》なる工女一同を帰国致させるのは、当御場所において本年一カ年に九百円以上御損に相成るが、何も国の為なれば致し方がない。皆一同感心に精を出したから、帰りには東京見物にてもさせてやるように」と申されましたが、中々《なかなか》その頃そのようなことは思いもよらぬことでありました。宇敷氏が入費として六工社から一百円受取って参られたと申すことでありました。

それより私共一同役所に呼ばれまして、尾高様から御賞詞《ごしようし》を賜《たま》わりました。

繰糸業格別勉励に付為褒賞金五拾銭下賜候事

製糸場印

右に姓名を書付けまして、大かた頂きました。一行の内病気勝ちの人は頂かぬ人も三四人ありました。

その頃は日本国中に製糸場と申すは富岡の外ありませんから、ただ製糸場と申す印が押してあります。只今にその書付は持って居ります。

尾高様が、首尾能《よ》く帰国致すのだから御場所残らず拝見させてやると申され、繭蒸場、蒸気機関のある所、繭置場、二階、その他残らず拝見致しまして、繰場《くりば》へも改めて暇乞いに参りました。書生たち、中廻りの人も叮嚀《ていねい》に暇を述べられまして、皆名残を惜しんで下さいました。この月初めに紺がすりの仕着せが渡りました。ただ退場致しますのなれば返納致さねばなりませぬが、格別の思召《おぼしめし》を以てそのまま賜わりました。

一同帰り用意

一行は待ちに待ったる製糸場が国元へ立ちまして、喜び勇んで種々用意を致します。中には何分なれぬ少女が国元に居ります時は金銭は皆親の手より外自分に使用致しましたことない中に、月給の一円七十五銭もとれば、何を買ってもあるように思いまして、銘々《めいめい》呉服屋から帯だの帯揚だのと買いまして、また小間物屋などから色々需《もと》めました。皆賄方《まかないかた》の家内が店を出して売りますから、月々払いでありました。俄《にわ》かに帰国のことになりましたから、中には十円から払わねばならぬ人もありました。五円または六円と大かたはあります。それを払わねば帰ることが出来ませぬ。宇敷氏もこれには驚かれまして、とてもそのような用意までしては来ぬと申されました。私は父から用意金を宇敷氏に託して送ってくれました。殊に私は中々《なかなか》心配性でありますから、買いがかりは致しませぬ。送ってくれました金で帯揚だのその他需めまして、土産物なども相当に需めました。しかし他の人の困るのを見て居る訳にも参りませんから、宇敷氏に段々《だんだん》頼みまして、皆帰る中に残る人があっては気の毒だから是非是非貸して上げて下さいと申しまして、ようよう皆形が付きました。それで皆大喜びで一同退場致しまして、この度は青木屋と申す宿に一泊致しました。その時父兄で迎いに参られましたは金井氏小林氏等の諸氏でありました。

白桃の枝と暇乞い

一同退場致します時に、銘々《めいめい》これまで心安く致しました人々の部屋へ暇乞いに参りました。皆別れを惜しみまして、互に涙でろくろく言葉も出ぬほどでありましたが、残る人々は別して故郷へ帰ります私共を見まして実に羨ましく思って居られました。わけて静岡県の今井おけいさんは、私が帰ると申しました時から涙ばかりこぼして居られましたが、いよいよ退場の時、出口の所へ後から駆出《かけだ》しておいでになりまして、桃の小枝を持っておいでになりまして、私の髪へ挿《さ》して下さいまして、「これは白桃の枝だから、これを挿して居れば暑気に当らぬ呪禁《まじない》だから、道中挿して行って下さい」と涙ながらに申されまして、後をも見ずにお顔にお袖を当てて御自分のお部屋の方へ駆けて行かれました。私もその時の悲しさは今でも忘れません。そのやさしき親切なる御心立てを折々思い出して懐かしく思います。春ごとに白桃の花を見ますと、何となくその人にお目に懸かるよう思われまして、白桃を愛して居ます。

私共の退場を、御取締の方々から部屋長方まで皆御祝し下さいまして、上々の首尾で退場致しましたは、実に一同幸福なることでありました。私共もこれが御場所の見納めかと存じますと、実に名残惜しく存じました。

その頃富岡製糸場は政府から立てて居りますので、上は尾高様より下は市中の人まで御場所と敬って申して居ました。いかに開けませんかはこの言葉でもお分りになりましょう。その他私が書きます言葉はその頃のままにわざわざ致して置きますから、その御つもりで御覧を願います。

富岡町出発並びに高崎見物より道中

その日は青木屋に一泊致しまして、市中の見納めに銘々《めいめい》遊歩致しまして、翌朝同地を出立致しました。尾高様もあのように仰せられたことだから、せめては高崎でも見物させて上げると宇敷氏が申されました。実は東京見物でもさせて上げるつもりなりしが、思いよらぬ皆様のお買いがかりのためとても今急に金子《きんす》を取寄せる訳にも行かず、お貸し申さぬ方々には実にお気の毒だが許してくれと申されました。そのお言葉が私共にはなお気の毒に存じました。

さて僅《わず》か一カ年余りの間に開けまして、もはや人力車が富岡町に沢山ありまして、それに一同乗りました。折悪しく途中から大雨になりまして、桐油《とうゆ》をかけました。只今と違い上から袋をかけたようになりまして、その匂いに酔った人がありまして、病気に罹《かか》った人もありました。一同大閉口致しました。

しかし高崎に着致しました頃は晴れまして、同地の知人（富岡に出て居た工女にて帰宅した人々）も幾人か宿屋へ尋ねくれまして、同地にて糸を繰り居る所も見に参りましたが、皆七輪で炭火でありました。兵営なども見物致しまして、その日は同地に一泊致しまして、その翌日は坂本に泊り、翌日たしか碓氷《うすい》峠を越しましたが、段々《だんだん》旅費が不足になったと申すことで、皆草鞋《わらじ》をはきまして越しました。能《よ》く覚えませんが軽井沢に泊ったようにも思います。

その翌日は終生忘れぬ宿泊であります。宿は信州田中宿の家号は忘れましたが見るもいぶせき宿屋に泊りました。家は煤《すす》けてかたがり、何とも譬《たと》えようのない一室に皆居りますと、隣室には御嶽行者《おんたけぎょうじゃ》らしい若者が大勢居りましたが、宿の人に頼まれてお給仕に代る代る出て参りました。これも上等の宿に泊れば宿泊料がかかるから致し方ないとのことでありました。

宇敷氏は高崎から先に帰られました。金子を持って来ると申されたとのことであります。その宿に泊りました時は、もはや宿料に不足を生じましたとのことで、一行の内何ほどでも持って居る人は貸してくれと申されまして、銘々持合せを出してやりました。私なども一銭も残さず出しました。そのようにして翌日は上田で昼食の時は、裏通りのちょっとした茶屋に入りまして、外に一同休んで居りまして、迎いに参られた人が途中まで金子持参の人の迎いに出ましたら、ようよう道で行逢いましたとのことで、それで払いをして、その日は坂城宿に一泊致しまして、翌早朝矢代本陣柿崎へ着致しました。

認《したた》めましてはそのようにもありませんが、道中旅費不足のため、宇敷氏、海沼氏は申すまでもなく、一同の心配はとても筆に尽されませぬ。只今なら電信為替で直《すぐ》に間に合いますが、実に開けぬ時代のことは、只今の方は御存じありません。

仕度

それより本陣で風呂を沸かさせ、銘々《めいめい》湯に入り、皆髪を結い、上手に結う人は幾人も結ってやり、湯に入り、富岡仕込みの厚化粧致します。一行十四人の仕度、中々《なかなか》手間がとれます。

富岡では化粧は女子の身嗜《みだしな》みの一つとして許されて居ました。毎夜湯に入り、皆おしろいをつけます。つけぬ人は却って嗜みが悪いと申されます位でありました。

宇敷氏、岸田氏等、馬で迎いに参られまして、早く早くと申されました。また銘々の家からは皆力に応じた新しい衣類帯等皆本陣まで持たせてよこされましたが、中々一様に参りません。そこで私が申しますには、「お宅から折角お遣わしだけれど、品に不同があっては面白からず、誰もよき物着たいは同じことだから、一そうお仕着せを揃って着て、富岡で拵えた唐縮緬《からちりめん》友禅の帯を締めて行けば、良きも悪しきも無くて宜《よろ》しかろう」と申しますと、中には不服の人もありましたが、大勢その方がよいとのことで、皆一同紺がすりに唐縮緬の帯を締めました。

ようよう仕度も出来ましたので、いよいよ出発致すことになりました。

行列順

一行一同柿崎の玄関より広庭に出、門前に早朝から待たせて置きました人力車に乗りました。一行十四人に付添人三名都合十七名車に乗りました。その頃至って人力車が少くありましたので、坂城矢代松代とこの三カ所の人力を早朝から午後二時過ぎまで止めて置きましたのであります。

さて挽出《ひきだ》すことになりますと、順番を宇敷氏と海沼氏両名で指図致されまして、第一番に私の車を真先に参るようにと車夫に申付けられましたので、私は驚きまして「それはいけません。御年順でもあり、和田さんの車を先にして下さい。それから皆々様、私は後から参りとう御座《ござ》いますから」と申しましたが、中々《なかなか》聞かれませんから、「私はどうしても和田さんより先に行くことは確くお断り致します。御存じの通りの事情もありますから姑へ対しても心苦しく存じます。この一事は是非お聞入れを願います」と申しましたが、宇敷氏の申されますには、「これは決して私共の致す訳ではありません。尾高様よりの御指図だから、決して番を狂わせる訳には行かぬ」と申されます。私共は尾高様の仰せは決して背《そむ》きません。私もここに至って致し方がないと決心致しましたが、その心の内の苦しさは譬《たと》えようがありませぬ。姑の思わく、姉の心中、後来のことなど思い巡らし、泣出したい位《くらい》でありましたが、致し方なく第一番に私、第二番に和田初子、第三番に小林高子、第四番に酒井民子、それより段々《だんだん》に列を正しく挽出しましたが、何が田舎のことではあり、十七台も車が続くようなことはこれまでないこととて、家に居る人は駆出《かけだ》す、道を行く人は止る、畑に居る者は鍬を棄てて駆付け見て居ると申す有様、十四名揃いの衣服で同じ年頃の者が揃って居ます、風俗もよほど違って居りましたから、皆珍しがって見物致すのでありましょう。

私は真先で実に間が悪う御座いますから洋傘で顔を隠して居りましたが、雨宮《あめのみや》、岩野、土口《どぐち》と段々人出が多くなりまして、両側に人垣を築きましたようになりましたから、私はその時に至りまして、心配がすっかり変りました。中々姑や姉の思わく位な小さい心配ではありませぬ。このように沢山な人が見て居りますことでありますから、この度《たび》業を卒《お》えて帰国致し、創業の製糸場へ参りましても、機械その他が富岡のように出来て居りますれば何も差支えもなけれども、何を申すも政府の御力で立てて居りまする所と、その頃の人民の力で致すこと、万一成功致さぬ時は、私共は世間の人から何と申されましょう。自分のみかは親兄弟姉妹まで人に対して顔向けも出来ぬように相成るべく、また損を致しますれば、元方の方々にも気の毒、殊に私が真先に立ちますことでありますから、責任は自分が第一重いように感じまして、今まで喜び勇んで居りました松代が近くなるほど心配が増して参りまして、夢現《ゆめうつつ》の心地で土口へ参りますと、清野《きよの》村の側に元方一同の方々が皆羽織袴《はかま》の礼服で出迎いに出て居られました。大里氏、中村氏その他方々のお顔が只今に目に付いて居ります。その盛んなことは丁度昔殿様のお通りの時のような有様でありました。只今考えますと、やはり松代の製糸場の今日の如く盛んになります前兆かとも存じます。

そこで初めは松代学校へ着と申すのでありました。その頃役場がありましたから。しかしあまり時間が遅くなりましたので、やはり私の宅（代官丁横田）へ着致すことになりまして、一同無事に着致しました。一行の父兄親族皆道まで迎いに出て居られまして、ひとまず横田に落着きました。待受けの用意も出来て居りましたから、ちょっと休足致されまして、銘々《めいめい》自宅へ引きとられました。私などは両親姉妹兄弟その他親族知己に久々で面会致しまして、実に嬉しく存じましたが、この先が心配でたまりませんでした。

これより六工社創立に付きましてお話を致しますが、まず一段落を付けまする。

穴かしこ

この書は当夏初めより思い立ち、書始めましたが、日々家事向の用多く、殊に人出入の劇しきこととて隙がありません。折々深夜人静まりし後一枚二枚としたためましたから、書落しが沢山にあります。どうぞ御判じ下さいますよう願います。ようよう十二月十七日夜、したため終り。

書添

お笑草にちょっとしたためて置きます。

私共富岡へ参りました頃は未だ郵便がありませんから、毎月東京へ参ります飛脚に頼んで、手紙や品物を銘々《めいめい》の家から送られました。私共も手紙を出します時はその人に頼み、または国元の人が見物に来た時など一同出すのでありましたが、能《よ》くは覚えません、或時私の父から郵便で手紙が参りまして、五厘の切手が四つ貼ってありました。私はこのような結構なことが始まったのかと大喜びで、賄方《まかないかた》の女中に尋ねますと、当町にも出来たと申しましたから、私一人で出すのは惜しいものだと思いまして、一行の部屋部屋を知らせて歩きまして、「私は今日郵便とやら申す物で手紙を出すから、一人で出すのも惜しいから皆さんもお出しなさらぬか」と申しますと、皆々大喜びで、我も我もと十六人大方お出しになりましたのを私が一包にして、女中のお大さんと申すに頼みまして、私が十銭札を持たして八銭お釣が来るだろうと思って居ますと、やがて女中が帰って来て、「切手のおあしはあれで丁度よかった」と申します。私は父から二銭で来たのに十銭とはちと不思議だと思いまして、「この頃国元から来た手紙に五厘の切手が四つ貼ってあったが、どういうせいだろう」と申しますと、その女中が大腹立てて「使《つかい》を仕《し》てやったり疑られたりしちゃあ、あったせんぎでない」と申しますから、ようようなだめましたが、私は心中不思議で不思議でたまりません。その次の日曜日に外出致しました時、その郵便を出す店へ参りまして尋ねますと、目方次第で段々《だんだん》高くなると申されまして、ようよう分りましたが、郵便銭は私が出し損を致しまして、この後はなるべく紙の薄いのへしたためました。折々一人で笑いますが、実に開けぬ時には色々可笑《おか》しいことがあります。その頃は手紙を持って参りますと、その店の人が目方をかけて切手料を取るので、別に郵便箱も出来てはありませんでした。その後間もなく箱が出来ました。

富岡後記

「富岡後記」は、「大日本帝国民間蒸汽器械の元祖六工社創立第壱年の巻　製糸業の記」「明治八年一月横浜市に於いて　大日本蒸汽器械の元祖六工社製糸初売込」と題され、六工社の後身である本六工社に保存されていたもので、著者が一八七四（明治七）年七月から同十二月まで六工社で技術指導者として働いたときのことを思い返し、それぞれ、一九〇八（明治四一）年、一九一三（大正二）年に記述したものである。一九二七（昭和二）年に私家版として出され一九三一（昭和六）年に信濃教育会により「富岡後記」のタイトルで学習文庫版として刊行された。

「第二年目開業」は一九七二（昭和四七）年に発見され『定本　富岡日記』（創樹社、一九七六年）にはじめて収録された。

六工社《ろっこうしゃ》初見物

私共一同は明治七年七月七日故郷松代へ着致しまして、その翌日は宅に居りましたが、その翌日九日埴科《はにしな》郡西条村字六工《ろっく》に建築致されましたる六工《ろっこう》社製糸場へ一同打揃うて参りました。その道にありました大里忠一郎氏の御宅へ立寄りまして、同氏並びに夫人里子御老母等に御面会致しまして、同氏の御案内で六工社へ参りました。

機械その他を見ました。兼ねて覚悟のことなれば別に驚きも致しませぬ。却って能《よ》くこの位《くらい》に出来たと思いました。しかし富岡と違いますことは天と地ほどであります。銅・鉄・真鍮は木となり、ガラスは針金と変り、煉瓦《れんが》は土間、それはそれは夢に夢を見るように感じましたが、まずまず蒸気で糸がとられると申すだけでも日本人の手で出来たとは感心だ位にて、その日は引取りました。

六工社初製糸並びに私の病気

翌十日は宅に居りまして、その翌七月十一日いよいよ初製糸にかかりますので、私共仲間六七名参りまして、釜場のありました通りの真向き南側（大ぜんまいのありました西二釜目）でとり始めまして、代る代るにとりましたが、何を申すも天日で干上げた小粒な繭《まゆ》でありますから、繭に重みがなくて、その糸の口の細きこと、指にべたべた付きまして実にとり悪《にく》きことは富岡で一度も手がけたことがないように覚えました。富岡は蒸気の通りました大管で蒸してありますから、どのようにたたぬ繭でも重みがあります。しかしとることが出来ますので一同喜んで居りました。

とり釜は半月形で、中にパイプが出て居ります。形も小さくありますから箒《ほうき》も十分につかわれませぬ。その日は代り代りとりまして、翌十二日にもまたまた参ってとりましたが、私は昼頃から俄《にわ》かに寒気が致しまして、段々《だんだん》寒くなりまして、末には顔色が真青になりましたと申すことで、皆一同心配致されました。それで大里夫人も大そうお案事《あんじ》下さいまして、御召縮緬《おめしちりめん》霜ふりのお羽織をお貸し下さいまして、宅に帰って養生を致すようにとくれぐれおすすめになりますから、私も帰宅致しますことに定めました。するとじいやを御付け下さいますから再三御辞退致しましたが、是非是非と申されますので、その人と帰りましたが、途中私が考えますには、私が六工社から病気で帰ったことが世間の人に知れると、また何だのかだのと申して、新入工女の気受けに障り不都合ならんと思いましたから、馬場丁の金井氏方へ寄り休ませて頂き、夜に入って帰宅致す方が宜《よろ》しからんと、直に金井氏へ参りまして、右の次第をお話致しまして、お座敷に休ませて頂きましたが、その時ははや心の緩みと病の重りと同時になりまして、身動きも出来ぬようになりまして、身体は火の付いたかと思いますほど熱く、口は渇き、その後のことは更に覚えはありません。その日六工社へ参ります時、父の実家の伯父に途中で逢いましたが、未だ帰国後その家へ参りませぬのでそのことばかり心にかかりまして、折ふしそのことを申して居りましたとのことであります。

金井氏では夕方になりまして、私が右の有様でありますから大そう驚かれまして、早速実家へ知らせて下さいまして、母と姉が参ります。医者が参りまして診察致しまして、これは「傷寒《しようかん》」だと申されましたとのことであります。金井氏方では御家族総がかりで御看病下さいまして、その上夫人の姉君までおいでになりまして、実に実に十二分の御看病下さいました。お蔭にて四五日立ちますと少々快方に向いましたとのことで、夜分駕籠《かご》に乗せられて実家へ帰り、養生致しました。その頃からようよう正気になりましたが、未だ一人立つことも叶《かな》わぬ同月たしか二十二日かと存じます、六工社はいよいよ開業式が盛大にありました。私はこの盛大なる古今未曽有《みぞう》なる日本帝国民間蒸気機械の元祖六工社製糸場の開業に出席致すことが出来ぬことかと病床に泣いて居ました。

私の病気も幸い人に伝染も致しませんで私一人ですみましたのは実に仕合せでありました。只今と違いその頃は予防と申すことは存じません。皆一緒の所に居りましてその場で飲食致して居りました。只今思いますと実に恐ろしい位《くらい》であります。

六工社開業式と同行者の等級

さて六工社開業式当日、私共一行が富岡退場致します時尾高様より宇敷氏へお渡しになりました松代工女等級が発表致されたとのことで、同行者の両三人私の所へ見舞いかたがた知らせに来て下さいました。その等級左の通り。

二等工女
横田　英　　和田　初　　小林　高　　酒井　民
三等工女
福井　亀　　春日　蝶　　その他

殊に驚きましたのは、富岡で大かた三等で居りました人が四等になって、私などが二等殊に筆頭でありましたから、嬉しいようなまた気の毒のような気が致しました。その人々から承りますと、下った人は皆泣いて居られたと申すことでありました。私は病気のため開業式に出席出来ぬとて泣いて居りましたが、その時初めて何が幸いになるか分らぬと思いました。私も出席致して居りましたらさぞさぞ下った人たちが気の毒であっただろうと存じます。殊に私が筆頭に居ますから慰める言葉がありませぬ。また下った人たちも私を憎らしく思われるだろうと存じます。まずまず病気が却って仕合せであったと心中喜びました。

私が思いますには、四等に下った人などは決して業で下った訳ではありませぬ。たとい怠けたと申す訳でなくても病気その他で休業の多くあった人のように思われます。私などの筆頭に居りますのもこれと同じことで、人様より業が上達致して居ったと申す訳ではありませせぬが、一心不乱《いっしんふらん》に勉強致して居ただけは決して人様より後には居らなかったと自分で信じて居りました。しかし一番になって居ろうなどと申す自信もまたありませんでした。元より同行者は皆座繰《ざぐり》は馴れて居る人ばかりでありました。私は宅で蚕を少しずつ飼いましても、人に糸にしてもらいました。私は生れつき糸など繰りますことが好きでありましたから、毎年くず繭《まゆ》位《くらい》手どりに致して居りましたが、たとい座繰と蒸気機械と繰り方は違いますとも、馴れた人と馴れぬ人では一つにはなりませぬ。殊に私は根が無器用でありますから、入場後もその苦心は一通りではありませぬ。出立前祖父に申付けられました、人後にならぬよう、また父に申付けられました、諸事心を用いて覚えるよう、殊に一人でも参ると申した自分の口上、このようなことを思いますと、万一あまり下に居りましたなら両親に合す顔もありません。また私が下に居りましたら、父が人様に面目を失うことであろうと、入場以来実に心の安まることはありませぬ。とても自分一人の力では及ばぬことと思いまして、毎朝神仏に祈りまして、命も捧げる位の意気組で居りました。その様子がさすが数多《あまた》の人の上に立っておいでになりますところの尾高様のこと、また書生中廻りの人たちまで見ておいでになりまして、ただただ私の心を筆頭に遊ばして下すったのだろうと存じます。

しかし糸目と桝《ます》数では決して人様の後には居りませぬ。糸は如何《いかが》か存じませんが、一度も小言を申されたことがありませぬから、まず悪い糸はとらなかったのだろうと存じます。何事も一心は岩をも徹《とお》すと申しますが、実にその通りであります。

その後海沼氏が参られまして、実はお渡しになります時は、「この等付は開業式まで決して開くことはならぬ。その前に開くと女子のことだからどのような騒ぎをするか知れぬ、富岡へ帰るの引くのと申すと面倒だから」と仰せられたから、当日までその儘《まま》にして置いたと申されましたが、尾高様と申す方はどこまでお届きになった方やらと実に感佩《かんぱい》致しました。

六工社工女の選み方並びに工女取締

六工社もいよいよ開業になりました。新入工女は皆身元正しきれっきとした良家の娘さん方ばかりであります。殊に明治七年未だ世の中が開けませぬ時でありますから、製糸場に寄宿致させますにはよほど大丈夫と父兄が思われませんでは出し手はあるまいという、大里氏初め元方一同のお考えから、元松代公の御刀番をお勤めになりました樋口旗之助様と申す方を工女部屋取締にお頼みになりますと、同氏も快く御承知になりまして、同氏の息女元子、睦子、上原しと子さんなどを初めと致しまして士族の娘さんが多くありました。たとい平民の人でも前申しました通り一人としてあやしい人はありませぬ。

何故このようにお選《えら》みになりますかと申しますと、とかく婦人の多く寄合います所は不行状と不品行で世間から彼是《かれこれ》申されます。創業の際一歩踏み誤ります時はもはや後で取返しが付きませぬ。製糸場へ出た人だからと申して良家の妻女になられぬようなことがありましては、第一国のために立ちましたるところの製糸場も却って不為になるようなことになるというところにお気の付かれましたからであります。それで樋口様は御年六十歳位の方で至ってお心だてのやさしい、折目正しい、実に取締としては得難きお人柄の方でありました。

このように注意を払われましたことでありますから、工女方のお宅でも決して心配する人はありません。皆寄宿致されました。同村の近き所の人は通われました。

さて物には一利一害と申しますが、実にその通りであります。家が貧しくて出て居る人は使い安う御座《ござ》いますが、何不足ない家の人がただ国のためと申すところから富岡へ行かなかったから、せめては六工社へでも出て国益になる糸をとろうというのでありますから、中々《なかなか》新入工女方でも気位が高う御座います。ちょっとしたことにも色々苦情が出ますとのことでありました。

私の病気見舞並びに入場

さて私の病気も中々《なかなか》はかどりません。毎日床の中に心配をして休んで、母の介抱を受けて居ります。日々六工社からは大里氏初め中村氏、宇敷氏、海沼氏が代り代りに見舞においで下さいます。その内に四十日近くなりましてようよう家の内から庭前まで歩くようになりますと、六工社からは早く出てくれ、一日も早く、とても苦情が出てやりきれぬと申されます。

その内に、六工社へ来て休んで居ても宜《よろ》しいから是非是非参るようにと申されます。私もつくづく考えまして、私が参ったとて何ほどのお役にも立つまいけれど、あれまで申されますのに参らぬも悪いようだと存じまして、まだ実に疲れて居りましたが、勇気を出して髪を結い、発病以来四十二日目、八月二十二日午前八時過ぎ家を立出で、よろめく足を踏みしめ踏みしめ人通りのない所の石に腰を掛けては休み、また歩みては休み、ようよう六工社まで参りました。元方の方々は申すまでもなく、皆様も待って居たと申されまして、喜んで下さいました。

私が参りますまでは和田さんが糸結びをしておいでになりましたが、私もまさかその場に参りまして休んで居る訳にも参りません。また一つには気の立つと申すは不思議なもので、入場致しますと俄《にわ》かに元気が出まして、その日から糸結び糸揚場四百廻等受持つことになりました。何が十八歳位な私が参りましたとて何ほどのことがある訳はありませぬが、互に感情を害しました時変った人が参りますと、その人に対し折合いが付きますと同じことで、まず双方から色々のお話がありますが、私はどのような人にても腹蔵なく自分の思い通りを申します。それで人に憎まれても決してかまわぬと覚悟して居ます。いよいよ中に立ちますと、双方無理のないことばかりであります。私共の仲間は、繭《まゆ》が悪い、機械の工合が悪い、蒸気が立たぬと小言を申します。また元方の人は、皆が我儘《わがまま》を言うと申されます。私は大里氏初めに「皆あのように申されますのは実に尤《もつと》も至極《しごく》で、あなた方は御存じないから我儘のようにお思いになりましょうが、あちらでは実に良い繭をとって居りましたから」と申して置きまして、また仲間には「あなた方がそのようにおっしゃるのも無理はないが、何を申すも天朝で遊ばすことと下々《しもじも》ですることだから一つにはならぬ。悪い繭で良い糸をとるのが私たちの腕前ではありませんか。まず貧乏世帯を持ったと思って諦めるより外ありませんねい」と申しますと、「お英さんちゃ、糸をおとりなさらぬからそんなことを言っておいでなさるのだ」などと申されますから、私は「糸をとって居る方がどんなに楽だか知れやしない。自分一人一生懸命にとってさえ居ればそれで済むけれど、朝から晩まで立通しで、おまけに糸揚げの手伝いまでして、彼方《かなた》からも此方《こなた》からも色々のことを聞いて、こんな辛いことはありません」と申しますと、それで皆何も申されません。

新入工女の人々は、誰が何と言ったとか、やれ見下げたことを申したとか、直《すぐ》にここには居られぬ、引いてしまうと申されます。その時は私が「皆様も折角《せっかく》国のためと思召《おぼしめし》して御入場になりまして、その位なことでお引きになりましては、第一世間の人がそれ見たことかと申します。御両親まで人にお笑われになりましょう。誰が何と申しましても皆人が存じて居りますから」と申してはなだめて居ます。しかしここが六工社でお見立通り名誉を重んずる人々でありますから、右様申しますと、それでも引くとは申されませぬ。

まずそのようなことでいつも納まりますが、中々面倒は絶えませぬ。実際私は双方の間に入りまして、双方から色々申されますのを、双方へ自分の考え通りを申してなだめて居ますので、糸扱いは付けたり、仲裁役になって居るも同じこと、何《いず》れを見ても心痛は絶えませぬ。元方の方々の日々不安と心痛に充たされたるお顔、さては工女方の不平の声、いつ安心の地位に立たれることであろうと日夜苦心で明かしました。

富岡帰り一同の不平並びに母よりの申聞け

私の宅は代官丁の下でありますから、仲間の人々が六工社への往き復《かえ》りに代る代る寄られまして、柄杓《ひしゃく》が木だの、匙《さじ》が灰ふるいだの、手水《ちょうず》が瓶《かめ》だのと小言を申されますと、母が「人の家でさえその家その家で台所の都合も違う、ましてお上で遊ばすことと下々《しもじも》で致すことだから、丁度御殿と我々の家ほど違って居るも同じこと、何も辛抱だから小さな家の世帯を持ったと思って諦めておいで」といつもいつも申して居りました。こんなことで慰められて、皆思い直して帰場致されました。只今にそのことを折々申出しては母と笑います。

また私もその頃、皆様には前に申しましたように申して居りますが、内々母にこのように申しました。「おっかさん。皆あのようにおっしゃるのも尤《もっと》もであります。私だって皆様のお申し通り、蒸気はたたず、機械の工合は悪く、泣出したいようだけれど、私から先に立ってそのようなことを申せば、それこそ皆さんがどんなに申されるか分らぬから、口には立派に申して居りますが、心の内ではいつも泣いて居ります」と申しましたら、母が「お前までが大里さんや海沼の苦心したことを知らぬからそのような我儘《わがまま》を申すが、あれまでになるまでの御困難はまあどの位《くらい》だと思う。海沼などは夜もろくろく眠られぬと申して居た。繭《まゆ》を二つに切って釜の代りにし、針金を曲げて蒸気の通る管のようにしたり、大里さんと二人で実に実に何とも申されぬ苦心をして、ようよう蒸気も通るよう管も拵え、機械も曲りなりにもとられるようになったのは、実に御両人の御苦心からだ。有難いと思わねばならぬ。お前たちが何ほど勉強して覚えたところで、もし六工社が立たねば宝の持腐れ、どのように工合が悪くとも、あればこそそのようなことを申せ、なかったらどうする。実はお据膳《すえぜん》をしてお箸をとって食べるばかりにして下すったその恩も忘れて、うまいもまずいも申された義理ではない。ちと御両人の御苦心なされたことを思って見ろ。お前たちが何ほど苦労だと申したところが知れたものだ。元より楽をしようとて始めたことではない。国益を計るなどは決して楽で出来るものではない。この後とてもお前から初めてそのような量見違《りようけん》いな考えを持ってはならぬ」と申聞けられました時は、私も実に済まぬことを申したと後悔致しまして、その後はこの大恩人の苦心致されたことを無に致しましてはすまぬと思いまして、一身を捧げて製糸場の隆盛になりますよう心がけて居りました。

六工社創立に付き苦心致されし人々

さて六工社創立に付き蒸気機械発明に付き苦心致されました人は、大里忠一郎氏を第一と申さねばなりませぬ。しかしこの蒸気機械の発明に多く力を尽しましたる人、只今は世人から忘られて居ります海沼房太郎と申す人が第二、以上五分五分位に記さねばなりませぬ。

大里氏のことは世人も能《よ》く存じて居られますから、私が別段記すには及ばぬように存じます。海沼氏は富岡の巻に記して置きましたる如く、私の父が奨めにより富岡御製糸場へ三四カ月間同志四名と共に工男として入場して居りましたが、帰国後蒸気機械発明に苦心致して居りましたが、中々《なかなか》創立致すほどの元金がありませぬ。貧しいと申す訳でもありませぬが富んで居ると申すほどでもなく、まず通例の生計を立てて居ったのでありますから、種々苦心致して居りますと、幸い大里氏が国益を計るため製糸場を立てたいと申して居られますので、両氏が一致して創立することになりました。

大里氏は以前汽船に居られましたところから、力を多く蒸気元釜から大管を通して小管（パイプ）に渡ります方を受持って居られましたように承ります。海沼氏は小管（パイプ）即ち煮釜繰釜に蒸気の通います所のネジの付け方、また機械全部皆指図されたのであります。

只今に思いますと不思議な位《くらい》でありますのは、交通不便とは申しながら日本帝国民間蒸気機械製糸場の元祖六工社の創立に、元方の人が富岡御製糸場へ一人も拝観に参られません。私共の迎いに宇敷氏が初めておいでになりました。その時にはもはや機械その他出来上って居りました。私の父がブリューナ氏条約書明細書を写して参りました、その書物を元として、その他は海沼氏に一任して、同氏の考え通りに立てたのであります。いかに信用して居られたかはこの一事でも分ります。海沼氏とても学校に出た人でもありませぬ。図を引くことも十分には出来なかったろうと思いますのに、まずあれだけに仕上げました、その苦心はいかばかりだろうと存じます。僅《わず》か三四カ月の間、殊に掛りが違いますから、休日の外繰場《くりば》に入ることは叶《かな》いませぬ。父が尾高様へ願い置きまして、休日ごとに繰場の内を拝見致したとのことであります。只今の世なら有名な技師にでも図を引いて貰いますれば訳はありませんが、中々のことでは無かったろうと察します。

同氏の身元は松代町字清須町のはずれ堀切と申す所の農家の長男でありますから、幼年の頃市中を野菜など売って歩きましたとのことでありますが、とかく農業を嫌いまして、その頃のことでありますから両刀をさしますことを好みましたが、そのような訳に参りませぬから、広小路真田（私の姉の家）の家来分になりまして、たしか二人扶持《ににんぶち》貰いまして、一日置き、毎日のように同家へ出勤して居りましたから、自然私の家へも使いなどに参りまして、私共へも出入致すようになりました。同氏の先祖は琉球から難船致して来た者だと申して、系図なども立派になって居ると常々申して居りましたが、口では何とでも申されますが行いにおいてそのようではないかと思いますことが沢山あります。同人の父は活花《いけばな》と尺八の名人でありまして、裏町の長谷川三郎兵衛と申された活花と尺八の名人の方の後を嗣《つ》いで居ましたから、海沼氏も活花は皆伝とまでは至らぬようでありましたが、実に美事に活けました。また尺八も上手に吹きます。発句も致しますので、私の家に参りましては始終活花を致してくれます。尺八も「鶴のすごもり」など吹いて聞かせました。私の祖父は至って鳴物が好きで、また発句・歌なども少しは致しましたから、母なども至って好みますところから、折々参りましては色々話します。真田は叔父初め武人気質で一向そのようなことを好みませぬから、とかく私の宅の方へ出入致しがちに末にはなりました。そのような関係から父が勧めましたのだろうと存じます。

第三に苦心致されましたは横田文太郎と申す人と金児某、これは元松代藩御鉄砲鍛冶を勤めた人で、横田氏はたしか字離山に住居致されたように存じます。この人が見たことも図も十分にない蒸気の管（パイプ）をネジで止めたり返したりすることを誂えられ、拵えても拵えても、これではいけぬ彼《か》れでは違うと海沼氏が申しますので、折々立腹致されたこともありましたとのことでありますが、何も国のためと申すところから、打返し打直し致されまして、まずまず蒸気の漏れぬように致されましたとのことであります。ちょっとしたことのようでありますが、図もなく形もなくただ手真似と口ばかりですることを仕上げますその苦心は、どの位でありましたろう。

第四は湯本宇吉と申す人であります。この人は元松代藩の御鎗《やり》の柄をこきます御鎗師を勤めた人であります。実に指物《さしもの》は名人であります。この人が大車・小車・ゼンマイ等全部致しましたのであります。これも前同様図もなく一度も見たこともなき機械を仕上げますことでありますから、いかに苦心致しましたでありましょう。

第五が与作と申す大工の棟梁で、これは別に苦心致したと申すほどでもありませぬが、何分これまで立てたこともない形の建築でありますから、当人の身に取りましてはいかに苦心致したことでありましょう。

以上記しましたるところの人々に手真似口ばかりで申聞かせます海沼氏の苦心も実に察したものであります。それを近くに居りまして見聞き致しましたるところの母の目から見ましたことでありますから、私を我儘《わがまま》と申して申聞かせましたは実に尤《もっと》も至極、母が申さねば私も若年のことでありますから、知らず識らずに手前勝手な理屈を付けて我儘を考えましたかも知れませぬと、実に心中恥かしく思いました。右の次第でありますから、海沼氏の祖先が立派なる所の人だと申しますのに符合致して居りますように思われます。ただの農家の人にその頃そのような思い立ちを致す人は日本国中にまず皆無と申しても宜《よろ》しき位でありました。何分三十六年の昔は只今と世の中が違いましたから。

繭《まゆ》の粗悪と不足

繭の仕入れが出来ませんから、元方のお宅でお飼いになりました蚕の繭の外、賃糸を繰りますのであります。そのような時は少々良き繭もありますが、六工社の糸を繰ります時には市中で座《ざ》繰《くり》にかけました後の選り出し、その頃の縮緬《ちりめん》糸に繰ります繭を買って来て繰りますのであります。これが能《よ》くとられたものだと思います位《くらい》であります。私は新入工女を折々教える時とります位で、多くとりませんが、実に見て居る方が辛いことで、折々大里さんに「このように休んで居りましては手も下りますから、和田さんに代って頂いて糸をとらせて下さい」と申しますと、「あなたがそのようなことを言って下すっては困ります。和田さんには糸の方を願い、あなたにはこの方を願わねばなりません」と、幾度お願い申しましてもお聞入れになりません。私もこのように心配なことはないと思いますが、仕方がありませんからその儘《まま》に打過ぎて居りました。

この繭買入れ並びに集め方は多く中村氏土屋氏が受持って居られました。岸田氏も折々その方をして居られたようでありますが、その苦心は中々《なかなか》筆にも尽されぬように見受けられました。

糸結び

開業以来糸結びの捩《ねじ》り方は中村氏の母御でありました。年は五十歳以上の人でありましたが、実に女子の鑑《かがみ》と申して宜《よろ》しい位《くらい》の人でありました。行儀作法の正しい、言葉遣いのやさしく叮嚀《ていねい》なる、若き時はいかならんと思われますほど美しく、いつも笑顔がはなれません。にこにことして、決して人の悪口など申されたことはありません。それで少しも油断なく業をして居られます。日々一緒に居ますが、一度も欠点を見たことがありませぬ。元よりこの方は欠点と申すことがないのであります。私などは自分のことが折節恥かしく思われました。しかしその筈であります。この方は二十三歳で後家になられまして、手一つで金作氏を養育致されまして、婦道を能《よ》く守り候とて松代藩から度々《たびたび》御賞を受けられた人だと申すことであります。私の母が、その人と日々一緒に居るは喜ばしいことだと常々申して居りました。

この糸結びでも実に私は困難致しました。富岡の巻で申しました通り、教えて下さる方が「あなたでもお国へお帰りになれば先生だ」と申されたような私が先立って結びますことでありますから、美事に結べる訳はありませんが、せめて大枠に綾でも十分かかって居れば、習うより馴れろと申す諺の如く、一心不乱《いっしんふらん》に致して居りますから段々《だんだん》上手にもなりますが、何を申すも綾が少しもかかって居りませぬ。あやふりはありますが、大枠何廻に何度と申すきまりなしに動いて居るばかりでありますから、糸をはずしますと皆真直《まっすぐ》になってしまいます。丁度座繰《ざくり》の大枠のと少しも違いませぬ。中村氏の御老母とてもはや御老年のことでありますからお手に脂がありませぬ。花の先が皆つぶれてしまいます。また若き人に申すように喧《やかま》しくも申されませぬ。実に仕上げが悪《あ》しくなりますのにほとほと降参致しました。この御老母がお宅に御用でもあって御不在の時は、大里様初め中村宇敷等の両名代り代りに振り方を遊ばしました。

また糸に等付けを致さねばなりませぬ。届かぬながら私が等を付けまして、札を隠して置きまして、大里様中村様がまたお付けになります。まずこのようにして段々お馴れになりましたが、只今に恐入って居りますことは、若年の私の申すことを決してお疑いになりませぬ。何でも私がこれは一等で宜《よろ》しいと申せばその通り、二等と申せばその通り信じておいでになりますから、私も一生懸命違わぬよう用心致して居りました。糸揚場で名札の字が見えぬように付けます。それは私とても心の迷いが出てはならぬと存じます。この糸ばかりはどのような上手な人でも時により三等四等の糸をとらぬとも限りません。名を見ますと、彼の人がこのような糸をとる筈がないと見直して等を上げるようなことがあっては済みませぬ。また習い早々の人でも時により良品を繰らぬとも限りませぬ。名を見ぬが一番大丈夫であります。

蒸気元釜の注連縄

その頃火燃《ひた》きをして居られました人は、艸川某並びに藤田五三郎という人でありました。この両氏は至って善良な人で、艸川氏は六工社近くの艸川某の弟君でありました。

藤田という人は松代公の御近習を勤められた為太郎という方の弟君であります。両氏とも身元正しき良家に成長致されましたから、品行方正勤務勉強でありました。

しかし両氏とも年若のことでありますから、工女が釜場へ入るようなことがありましては、末に間違いが出来てはならぬと申す元方御一同のお考えから、釜場の四方へ注連《しめ》縄《なわ》をお張りになりまして、婦人が立入っては釜場が汚れると一同へ申渡しまして、囲い内へ一歩も入ることはならぬと禁じてありました。十一か二三歳の糸揚げの少工女だけ折々火を取りに参りましたが、その他の工女は決して入れません。このようなことにまで注意致されましたは実に感佩《かんぱい》の外はありませぬ。たとい不品行はありませんでも双方若き者のことでありますから、話に身が入り、どのような過ちが出来、人命にまでかかわらぬとも限りません。既に石川県金沢市小立野と申す所の小鋸《おが》屋と申す製糸場では、午前六時頃工女の大勢が釜場に入り、火燃《ひた》きと雑談致し、火燃き工男が話に身が入り、蒸気元釜が破裂して、工女七名工男両名即死致し、その他負傷者の多くがありました。実に恐るべきは釜場へ工女の入ることであります。

蒸気の不足　元方一同の困難

蒸気がとり釜に合せて小そう御座《ござ》いますから中々《なかなか》行渡りませぬ。一口とっては手を休め、二口とっては休むと申す有様、松薪を燃《た》きますと能《よ》く立ちますが、そうそう松薪も続きませぬ。その上九日間とりますと油煙が溜りますので、なおなお立ちませぬ。繰場《くりば》から工女が待遠になりますと、「艸川さん、松薪を燃いて頂戴」とか「藤田さん、気付いて燃いて頂戴」とか騒ぎます。私は実に苦々しく聞兼ねますが、実に無理もないと思いますので、このことばかりは知らぬ風を致して居りました。

そのような有様でありますから、休の前日とり終いますと、直《すぐ》に釜掃除があります。只今と違い元釜が半月形で、半分は土で塗上げてありますので、その土を崩して塗替《ぬりか》えるのであります。この塗替えの時は、大里氏初め中村宇敷土屋の方々も皆はだしになって、土をこねるやら畚《もっこ》を運ぶやら手も足も泥だらけになって働いておいでになります。これを見ますと、実に実にお気の毒でたまりません。皆これまで土いじりなどなすったことのない方々ばかりでありますから。この一事でも創業当時の方々の困難なされましたことは分ります。第一元釜が何馬力と申すこともその頃分らぬのであります。いかにいかに苦心をされたでありましょう。

六工社のはやり歌

私共仲間が道を通りますと、人々が口をききます。肥って居ますので「ぶた、ぶた」

と申したり、また「やめておくれよ西条のきかい、末は雲助丸はだか」。大声でうたい続けます。豚と申されますのは別に心にもかかりません、腹も立ちませんが、歌を聞きますと、身の毛も弥立《よだ》つように感じます。もしこの歌のようになったらその時は世間の人が何と申すであろう、私共はどうしたらよかろうと、実に心配で心配で夜の寝覚めにもそのことが心にかかります。もしそのようなことがありますれば、私などは地下に入りましても目を眠ることは出来ぬであろうと思いまして、何事も神仏の御力を願うより外はないと存じまして、毎朝祈念をして居りました。

起死回生薬とも言うべき二つの楽

以上認めましたる如き苦痛に日を送りますところの私が、いかにして病気にもならず勤めて居られるであろうと、人様は不思議にお思いになりましょうが、この苦痛に打勝って勤めて居られます二つの原因があります。一は場内、一は自宅にあるのであります。まず場内から申しますと、外ではありませぬ、糸揚場《いとあげば》にありました。糸揚工女も富岡の如く十一十二十三歳止り位《くらい》の少工女でありました。この少工女たちもやはり良家に育ちました人ばかりでありますから、至って人ずれて居りませぬ、皆無邪気なおとなしい、実に可愛らしい人ばかりであります。静かなる土地、おだやかなる家庭、慈愛深き両親の手に成長致されましたるこの少工女が、私が糸揚場へ参りますと、皆一同かけ出して参りまして、「横田さんお早う、横田さんお早う」と花の如き愛らしき笑顔を以て申されます。その顔を一目見ますと、いかなる苦心も一時に忘れますように覚えます。殊にこの少工女たちは一心不乱《いっしんふらん》に業を致して、決して私が申すことを背《そむ》きませぬ。皆睦しく、糸の切れぬ時は互に無邪気に語り合ったり、また私の傍に寄って参ります。私も繰場《くりば》へ参りますが、多く糸揚場に居りまして、四百廻をとりましたり、糸結びの間にはこの少女たちにつなぎ方、切方、口の止め方等教え、また手伝いましたり致します。何を申しましても皆幼年のことでありますから、断えず注意してやらねばなりませぬ。まれに仲間で言合い等致しまして目に涙をためて居ましても、私が双方へ申聞かせますと、直《す》ぐに仲も直りまして、常の如く精を出して居ります。私も苦心致して居りますことなど決して人に知らさぬよう平気を装って居ますが、あまり心配の時は、思い内に有って色外にあらわると申す諺の如く顔にあらわれますと見えまして、少工女たちが「横田さんおかげんがお悪う御座《ござ》いますか」と気遣わしそうに皆私の顔をのぞき込んで申されます。私も驚きまして「いいえ、何ともないんです。どんな顔になって居ます」と笑顔を致しますと、「そんならよう御座いますが」と皆安心したようにともども笑顔を致されます。その愛らしさは只今も目の前に見ゆるように覚えます。それでこの小さきお友達に心配をかけては済まぬと存じまして、いつも悟られぬ用心を致して居りました。来る日も来る日もこの愛らしきお友達に慰められて、心も晴れ晴れと致します。

いま一つは私の宅にあります。明日は休みと申す前日、業も終り後始末も十分に済ましますと、私ははや足も地に付かぬ位になりますので、製糸場の食事が出て居りますがまず食したことがないと申しても宜《よろ》しゅう御座います。帰心矢の如くとか申す諺はこのような時のことだろうと存じます。私の目には宅の有様がありありと見ゆるように思われます。母の笑顔、弟等の待って居りましたと言わぬばかりの顔、さては妹等の喜びます顔。それで私も着汚しの衣類等を一包にして引っかかえ、飛鳥の如くかけ出します。幸い帰りは下り坂でありますから思うままに急がれます。はや家近くなりますと、妹両人が道まで迎いに出て居りまして、左右より袖や袂《たもと》につかまり、「お帰り、お帰り」と喜びまして、門に入るや早々玄関までかけ付け、大声に「おっかさん。富岡の姉さんがお帰りになりました」と大喜びで申します。中に入りますと、母が末の弟の看病に青白くやつれた顔に笑をたたえまして、私に心配を致させまいと思いましてか、疲れたる様も見せず、元気よく「おお帰ったか。お前の好きな物を拵えて置いたよ」と申します。母は製糸場のことに付きましては私以上心配致して居りますから、私も決して自分の苦心致して居ることを申しませぬが、子を見ること親に如《し》かずと申す諺の如く、私の苦心致して居ることを見抜いて居りますから、さてこそ九日間の苦労を慰めてやろうと思いまして、私の好みますところのおひっかかきその他を拵えて待って居ります。母の熱き慈愛に仕上げられましたる御馳走は山海の珍味を聯《つら》ねたる百味の御食にもまさる賜物《たまもの》と心に感謝致しまして、身の幸福を喜びますと共に、世に慈母無き人はこの温き恵みの有難さを知らぬであろうと、人の身の上まで気の毒に思いながら食して居ます。

も一つには弟共や妹共が、私の留守中の学校の成績より、魚取りとんぼ釣りの手柄話まで、銘々《めいめい》の口から語られます、その嬉しさ楽しさは中々《なかなか》筆にも尽されませぬ。やがて食事も済みますれば、母より留守中の出来事または親類その他の事まで落ちなく話されます。私も種々物語り致します内には夜も更けますから、床に入りましても母は色々話してくれますのを承りながら、安心と日頃の疲れに知らず識らず眠ってしまいます。朝になりまして、夕べもまた枕に付くと直に返事がなくなった、お前ほど早く眠る人はめったにないと笑われます。

朝は早く起き出まして、家の掃除、衣服の始末、留守中皆が着汚しました衣類の洗濯にかかります。何故このように致しますかと申しますに、末の弟が植疱瘡《うえぼうそう》がこじれまして患《わずら》って居ます。夜分は少しも下に休みませぬ。母は夜通し抱いて立通しで居りますから、私が代ってやりたいと思いましても、留守中生れましたから馴染みませぬから、私の手に参りませぬ。女中が一人居りましたが、日の内守りを致したり御飯拵えを致しますのがようようでありますから、何もかもその儘《まま》に致してあります。それ故十日目十日目の休日に私が致すのであります。しかし同じ業を休みなしに致しましたら倦きる事もありましょうが、全く違ったことを致しますので中々面白いと思って居りました。終日家の品自分の品双方洗濯致します間に、母は元気能《よ》く話しつづけてくれます。故叔父さんが何と仰せられたとか、お祖父さんが何とお申しになったとか、または製糸場がやがて盛んになったら土地が繁昌するだろうとか、すべて私の気の引立ちますような勇ましいことのみ申しまして、決して気の沈みますようなことは申しませぬ。それで私も命と共に衣類の洗濯を済ましますと、早夕食を致します内に皆ぞろぞろと誘いに参られますから、九日間入用の品を一包にして、気も晴れ晴れと勢いよく出かけて参ります。

このような楽園が私にはありますので、同じことを繰返し繰返し苦心は致しましても、病も出ず勤められたのであります。後で考えますと、私一人で決して働いたのではありませぬ。この二つが働かせてくれたのであります。

私は休日から休日まで帰宅は致しませぬ。私が先立って帰りましたら、皆宅は恋しゅう御座いますから納まりが付きませぬ。自分も帰らず他の人の帰りたいと申しますことをも止めました。

部屋長と規則

私が入場致します前に部屋長《へやちょう》総部屋長が出来て居りました。部屋は南部屋二間《ま》北部屋二間ありました。南部屋の総部屋長が和田初子、他は福井亀子。北は総部屋長が私で、他は酒井民子。酒井さん福井さんは平の部屋長でありましたから、実にお気の毒に存じましたが致し方がありません。工女の病気引事故引とも部屋長より総部屋長へ申出で、総部屋長より取締樋口様へ申出で、同氏より帳場へ申出で、その上にて許可致すことになって居ります。休日の外の帰宅はその通りであります。決して本人より直《じか》に帳場または取締へ申出すことを禁じてあります。中々《なかなか》手続が面倒でありますが、このようにして置きませぬと皆帰宅ばかり致すようになりますから、わざとそのようにしてありました。

私の部屋には沢山仲間の人が居られました。小林高・米山島・東井とめ・長谷川浜・春日蝶・金井新・宮坂品、新入では樋口元・上原しと・井上みつ等の方々で、他にも幾人か居られました。隣室が酒井さんでありますが、ここにも沢山居られました。

さて部屋には夜分より外居りませんが、誠に世話がありませぬ。皆お宅でお行儀正しくお育ちの人々でありますから、寝ころんだり足を出したりする人はありませぬ。いよいよ休みます時か入湯致します時の外細帯一つで居る人もありませぬ。休みます時も銘々「お休み、お先に失礼」と正しく挨拶せぬ内に床に入るような人もありませぬ。私は長起きが癖でありますから、毎夜毎夜仕事を致しますので、仕事を好む人はやはり夜なべを致します。朝も互に正しく挨拶を致します。朝は夜具だけ銘々《めいめい》に片付けまして、掃除番両人ずつ順番に致しますから、当番両人だけ残りまして掃除を致させます。私も皆様と同様致しました。皆やめてくれと申されますが、自分が先立って致しませんと、とかくやりばなしになりますから、始終致して居りました。中々きれいに致して置きました。大勢居りますからよほどきつく致しませぬと、末には豚小屋のようになるであろうと思いましたから、どの部屋も同じことでありました。しかし仲間の人たちが決して私の申すことを背くようなことを致されませんには感心して居りました。これも偏《ひと》えに元方の方々が和田さんと私に権力をお持たせ下さいました賜物と存じます。私共とても決して仲間の人を見下げるようなことは致しませぬ。皆様の御心中を察しますとお気の毒でたまりませんから、まず一度も勤め兼ねるようなことのありませんのは、一つは大里様の御引立てと仲間の方々のおとなしいお蔭と只今に感謝致して居ります。

白鳥神社祭礼　総工女の休業
——部屋長三人居残り　社長春山氏の御招待——

さて追々《おいおい》日も立ちまして、白鳥神社の祭礼の前日になりますと、誰が申出しましたか、皆休みたい休みたいと申します。和田さん酒井さん私の三人が色々申しますが、中々《なかなか》聞きません。私が「村の方は村のお祭だからお休みになりますのも御尤《ごもっと》もでありますが、町には何もありませんからそのようなことを言わないでお置きなさい」と申しましても、是非休みたいと申されます。私共仲間の人々も先立って申しますから、私共三人帳場へ参りまして「とてもこの様子では、無理にとらせても碌《ろく》な糸も出来ますまいから、休みにして頂きたい」と申しましたので、総休業になりました。

私は心中おかしくてたまりません。皆やられたところで別に面白いことも御馳走もないのに、後で悔むものだと思いましたが、口外は致しませぬ。するとその時どこでしたか覚えはありませんが、博覧会に糸を出品致すのでありました。大里様が「あなた方お三人明日お残りになりまして、出品の糸をおとり下さるように」と申されましたから、私共三人「お安い御用です」と申しまして、翌日三人で終日その糸を繰りまして、夕方終りました。すると社長春山喜平治様からお使が参りまして、「お三人様に、風呂も立って居りますからお夕飯を召上らずにおいで下さるよう」と申すことでありました。広い部屋に三人居り、寂しく思って居りました折からでもありましたので、三人打揃うて伺いました。代り代りお風呂を頂き、村の祭礼のことと て種々御馳走になりまして、御飯後製糸場のお話が出ました。春山様が「あなた方富岡の何もかも揃った所からあのような所へおいでになりまして、さぞ御苦労だろうと実にお察し申して居りますが、何分元金が不足だから何と思っても致し方がない。実にお気の毒だが御辛抱を願いたい。その代り利益がありますれば、釜も柄杓《ひしやく》も匙《さじ》も皆かねて拵えて差上げます。それまで何分お繰り悪くもこらえて下さるように」と申されました時は、思わず涙がこぼれました。

私共三人口を揃えて「あなたのようにおっしゃって下されば、釜や柄杓が只今の儘《まま》でも何ほども辛抱致しますが、ただ皆様が私共のことを我儘だ我儘だと仰せになりますから、つい申さで宜《よろ》しいことまで私共も申すようになります」と申しましたら、「いや、皆も私と同じ考えだから、それを楽しみにお願い申します。外の皆々様へもお話を願いたい」と申されました。私共三人「仰せは皆に伝えます。さぞ皆喜ばれますことでありましょう」と申しましたが、さすが社長と申されます方ほどあって、人を使うことがお上手だと後々になりまして感佩《かんぱい》致しました。

この情あるお言葉を帰場後一同へ伝えました。皆非常に喜ばれました。無理に休業にして帰られた方々の内には、お宅でお叱られになりました方が大勢ありまして、帰らねばよかったとこぼしておいでになりまして、私は心中ひとしおおかしく覚え、笑いを忍んで居りました。その頃は皆無欲な人ばかりでありましたから。

元方一同の苦心　大里夫人の繰糸

――富岡帰り一同の決心並びに元方への申込み――

さて糸も追々《おいおい》繰り進んで参りますが、とかく座繰《ざくり》のように目が出ぬというところから、大里氏初め一同心痛して居られます。大里氏が折々私に「いもっと能《よ》く煮て繰るように言ってくれ」と申されますが、この一事はいかに大里さんのお頼みでも従う訳には参らぬと思いまして、「そのように煮て繰りますと糸が悪くなります」と申して居ますので、御自分に繰場へおいでになりまして、「いもっと能く煮てとって下さい」と申されますが、私共仲間一同決して聞きませぬ。蔭で「生糸《きいと》こそ習って来たが練糸《ねりいと》なんか習って来やしない。いくら煮ろと言われたって煮るものか」と一同で申して居ます。

そこで思召《おぼしめし》通りになりませぬところから、元方一同御相談の上と見えまして、ある日大里夫人（里子様）が繰場《くりば》の南側丁度釜場の通りの釜にお付きになりました。やがて繭《まゆ》を五合とも思いますほど煮釜の中へお入れになりまして、ぐつぐつぐつぐつ煮ておいでになります。繭が水色を通り過ぎて鼠色になりますと、そろそろ口をすくってお繰り始めになります。ふしこきの代りに髪の毛を付け、友よりは五分ほどかけて（友よりは親指と中指一ぱいに広げた丈、曲尺六寸が規則）座繰の通りに付けておいでになります。また口をお立てになります時もやはり座繰の通りに箒《ほうき》をまるで湯の中へ入れておしまいになりまして、すべて何事も座繰に違いませぬ。私共仲間の人たちも元方を折々見て居ますが、一向平気で居ります。

やがてどうやらこうやら二升お上げになりますと、その糸が糸揚場《いとあげば》へ参りました。大枠にその糸を外の糸とならべてかけました時は、丁度ただの糸と玉糸ほど違います。しかし私共は何とも申しません。その内にそれを結びますと、目方が二升で二匁位《くらい》違ったように思います。すると元方のどなたか「富岡帰りの奴等が頑張ってばかり居って目方を切らす。こんなに目が出るから、これから何と言っても皆にあの通り煮てとらせる」と申されましたことが、私共仲間の耳に入りました。さてこのようなことを聞きましたるところの私共仲間の腹立ちはどのようでありましたろう。これまでに一度もない腹立ちで、皆一同「もはやこのような所には居らぬ。あんな煮くされ糸の節《ふし》だらけな物と私たちのとった糸と一つにされてたまるものか。皆一緒に帰りましょう」と申します。私が「まず帰ることはいつでも帰れるから、しばらく待って、元方の人たちも分らぬからこのようなことも出来るのだから、私共がとった糸とお里さんのおとりになった糸を横浜へやって西洋人に価を付けてもらってくれ、もしあまり値が違わなくて、煮てとった方が製糸場の利益になるようなら、その時は煮てとります、是非見て貰ってくれと申す方がよい。西洋人に見せれば大丈夫、決して煮てとるようにはならぬ。皆が今帰ってしまえば、富岡で苦労したのもここで苦労したのも水の泡になるから」と申しますと、「成程これは面白い」と一同同意でありまして、それでは元方の人たちを呼んで来る方がよいと相談が一決致しました。所は私の部屋なのでありました。

そこで帳場へ参りまして、「誠に恐入りますが、少々申上げたいことがありますから、北部屋まで皆様においで下さるように」と申させました。その前から富岡帰り一同昼食後場に付きませぬので、また何ぞ苦情が始まったと心配して居られましたことでありますから、直《すぐ》に大里様中村様土屋様宇敷様打揃うて、中々《なかなか》御決心の様はお顔にあらわれて居ります。その時の皆々様のお顔は未だ目前に見ゆるように存じます。またいつも仲裁ばかり致して居ります私までこの度は一緒になって居りますことでありますから、実に何とも申されぬ御心配の御様子も見えて居りました。

　さてこのようになりますと、皆後へ後へと引下がります。中には後の方でくっくっと笑います者までありまして、誰一人前に出て申す者がありませぬ。私は年が少う御座《ござ》いますから、皆様如何と控えて、和田さんあなたからと申しましたり、酒井さんあなたからと申しますが、皆後へお引きになります。和田さん是非あなたと申しますと、「お英さん申して下さい」と申されまして、中々出そうにもなさいません。そこでいつまでそのようにして居りましても果てしが付きませぬから、私が申すことに決心致しました。「私は若年でありますから、皆様からお話を願いたいと存じましたが、皆お申しになりませぬ。私はこの頃糸も繰って居りませぬから、皆様のお取次を致します」と、このように前置きを致しまして、

「さて今日皆様方においでを願いましたは別のことでもありませぬ。この度お里さんが糸をおとりになりまして、目方が多く出ましたに付き、私共一同にもあのように煮てとらせると仰せられたと申すことを私共承りました。一応御尤《ごもっと》ものようでありますが、私共とて煮てとる位なら富岡までわざわざ修行には参りませぬ。生糸こそ習って参りましたが、練糸は覚えて参りません。つまり価が分らぬから皆様も御心配になりますことでありますから、お里様のおとりになりました糸と私共が繰りました糸、双方横浜へお遣

わし、西洋人に価を付けさせて下さいますよう、万一あまり双方価が違いませんで、煮てとります方が製糸場の御利益になると申すことになりますれば、何も国のためでありますから、一同改正致します。何を申すも西洋人を相手のことでありますから、その方を聞かぬ先には決して改正することは出来ませぬ。尾高様へ対しても済みませぬ。これは私の考えで御座いますが、板に譬《たと》えて見ましても、鉋《かんな》をかけぬ板とかけた板では、中すまでもなくかけぬ板が厚くて量《かさ》が多くあります。それで価はどうかと申しますと、薄くて量の少ないかけた板の方が価が高う御座います。この道理から見ましても、目は少々切れましても価が高くありますれば、良品を製します方が国のためと存じます」と一つづきに申しました。すると元方の方々もどなたも何とも申されませぬ。ややあって、大里さんがそろそろお口をお開きになりまして、「皆様の仰せも御尤もでありますが、実は人の糸をとってやるのでありますから、その方から目が切れる目が切れると小言を申されますので、ああもしたらこうもしたらと心配を致しまして、家内が嫌だと申すのを無理に繰らせたようなことで、決して皆様にまであのようにして下さいと申す訳ではない。せめて皆様方の内でも目の出る方と切れる方がありますから、出る方のようにお繰り下されば宜《よろ》しいから、これまで通りにお繰り下さるように」と申されました。一同「幾重にも気を付けて繰ります」と申しました。私は再三糸を横浜へお出し下さるようと申しまして、それで落着致しまして、皆一同場に帰りました。

しかし雨降って地かたまると申す諺の如く、いつも仲裁ばかり致します私が、当るべからざる勢いに申しましたから、とても申してもだめだとお諦めになりましたか、その後は製糸のことに付きましては一言も小言を申されません。しかし横浜へ問合せもなさらずその儘《まま》に打過ぎて居られました。

この出来事は何月でありましたか月も日も忘れましたが、九月末か十月初め頃ではないかと存じます。私が洗濯をして置きました品を持たせて遣わしますことが折々ありまして、その日長屋の茂吉と申す男に持たせて遣わします次手《ついで》に、屋敷に出来ました葡萄《ぶどう》を皆様に上げるようにと申して沢山よこしました。丁度談判最中でありました。その後私が休みに帰宅致しますと、母が「この頃茂吉を遣わした時、何ぞあったのか。茂吉が帰って、『今日はきかやがさわがしい様子で、お嬢さん初め富岡からお帰りの皆様と元方の人たちが皆二階に集まっておいでの様子で、皆お顔付が違って居りました』と申して居た」と尋ねました。（この男は無筆でありましたから、何でも似た音でさえあれば宜しいと思って、機械をきかやと申します。只今に折々このことを申出しては笑います。）右様に母に問われましたから、残らず話しましたら、「それはよい所へ気が付いた」と申して居りました。

後で考えますと、里子さんもこの時はさぞお嫌であったろうとお気の毒に存じます。お年は三十一位におなりのように覚えますが、誰でも修行した人の前で知らぬことを致しますほど気の引けるものはありませぬ。座繰こそお上手にお繰りになりましたろうが、その頃の檜舞台とも申すべき富岡で修行した大勢が並んで居ます中で、御存じのない蒸気機械の糸をお繰りになりますことでありますから、大里さんの仰せの通りおいやだともお申しになりましたろうが、何を申すも六工社の立潰れにかかわることとお思いになりまして、おとりになったことに相違ありますまい。それをお気の毒とも思わず、皆一同「能《よ》く私たちの中であんな節だらけな糸を恥かしいとも思わずとれたものだ。押しのよいにも程がある」などと申して居りました。私は何とも申しませんでしたが、心中は皆と同感で居りました。その後本式にお習いになりまして、一心不乱《いっしんふらん》にとっておいでになりました。中々能くお出来になりました。私共に世話をおやかせになりますようなことはありませんでした。その内、御幼名忠弥氏只今の忠一郎氏を御妊娠になりましたのでお引きになりました。

しかしこの一条に付きましては、後日に至り大里さんが私に折々お申出しになりまして、「実に知らぬ時というものは、あんなことを申して、今になって見ると実に面目次第もない」と申されます。私も申しようもありませぬから、「あの時分には私共の強情を張りますのにずいぶんお困りでありましたろう」と申しますと、「能くあれまでにおっしゃって下さいました。もしあの時私共の申すことを素直に聞いて下すったら、今日の名誉は得られなかったのでありました」と、いつもいつもお笑いになりました。そして私共仲間の人が少しでも煮過ぎますと、「いつぞやあんなことを申して置いて、こんなに煮ると練糸になってしまいますぞ」とお笑いになりながら申されますので、皆一同笑いました。実に私共も一生懸命で強情を張りましたことが、後の名誉の種になりましたのでありますから、こんな喜ばしい嬉しいことはありませぬ。私は別して、思い切って大里さんの奥様のおとりになりました糸を悪いと申さぬばかりに大里さんの前で申しましたことでありますから、実に名誉にでもなりませぬ時は申し訳がありませぬ。

折紙付の工女

私共が何故そのように立腹致しましたり、元方一同の前をも恐れず立派に申しましたかと申しますに、これには深き原因がありました。私共が退場致しました時、どの位《くらい》尾高様がお喜びになりましたことやら、額に致して製糸場内にかけますようと仰せられまして、御書物を一枚宇敷氏へ賜わりました。これは横長の紙に、

「繰　婦　勝　兵　隊」

と申す御文で、御名前に御印章が据えてありました。私は一度拝見致しました。その時心中、これを場内にかけ置きましたら人が何とか申しはせぬかと思いましたが、大里さんもその故か御表具も遊ばしませぬ様子で、その後一向見受けませんでした。

このような立派なる、私共身に取りましては折紙とも申すべき御書物を頂きました私共は、全世界に自分等が繰りました糸を非難する西洋人は無いとまで信じて居りました。繭《まゆ》が悪いから見かけの悪《あ》しきことは致し方ないが、繰り方において。しかしこの御文を人が御覧になりましたら（殊に軍人）さぞ立腹されることでありましょうが、日本全国の模範に政府から立てられましたる大工場の長たる人は、この意気組でなければ勤まりますまいと、只今に折々考えて居ります。この文のことを母が承りまして、尾高様も軍学を御存じなのであろう、「富国強兵」と申すからと申しました。

この富国強兵と申すことに付き、一条の悲惨極まる物語が私共一族の身の上にあります。こと長くとも慈善の御心のおありになります方は、下に認《したた》めます一くだりの物語を御覧下さいますように偏《ひと》えにお願い致します。

富国強兵と横田家の悲惨

祖父は甲州流の軍学の師範を致しました人であります。常々富国強兵と申して、何ほど兵が沢山あっても国が富まねば強い兵を仕立てることが出来ぬと申しましたとのことでありました。

私の母に一人の兄がありました。幼名熊人、壮年になりまして九郎左衛門と改名致しました。この叔父が幼少の頃から文武両道を心がけましたが、殊に祖父の教育を受けまして軍学には達して居りましたとのことで、富国強兵と申すことも心得て居りますところから、何卒して国を富ませたいと心痛致しましたが、何分松代藩の旧領分は山間のことでありますから、徳分と申す物が少しもありませぬ。上下ようよう生計を立てて居る位《くらい》のことでありますので、どのようにしたら国を富ますことが出来るかと、日本全国を廻り見極めたいと申しますと、祖父も快く許しまして、幸い同志の人もありまして三四名同行致されたとのことであります。西は日向大隅より北は奥州の果てまでと申すように、全国残る方なく遊歴致しましたとのことであります。只今の世なら僅《わず》かの日数で巡られますが、交通不便の六十余年以前のことでありますから、永き年月かかりまして、帰国致しまして申しますには、「何地へ参って見ても、湊《みなと》のある所船の出入のある所でなければ国が富んでは居らぬ」と申しまして、幸い松代には千曲川があるから、これを利用して、越後の大滝を切割り、物産を交換致したなら、土地も繁昌致すであろう。その頃至って越後は大豆小豆の出来ぬ国だから、松代領分の農家で肥料に挽潰す大豆を彼の地へ遣わし、彼の地でとれる鯡《にしん》・鰯《いわし》その他の魚類の肥料を持帰り、農作物の肥料に致したなら、一挙両得と申すものだから、このようにして何卒松代の盛んになるようと思い立ちまして、祖父に申しますと、至極同意でありますところから、早速願書を認め、松代公へ願い出しますと、これも許可になりましたが、その頃のことであります、徳川へ願わねばなりませぬ。願書を出しますまでに越後国大滝へ出張致しまして、絵図を引きましたり地理を調べましたり、これが中々《なかなか》書尽されぬほど面倒を致しまして、いよいよ出来上りましたところで、祖父が江戸表へ出府致しまして、願書を差出すようになりましたが、中々その頃願書を出しますには、松代藩の留守居役の手を経て徳川の役人の所へ差出すのでありますが、この費用が大したものだとのことであります。何故と申せば、松代の留守居役へも徳川の役人へも進物を沢山遣わねば、その頃決して許可になりませぬ。徳川の役人の手元まで参りますまでに留守居役へ何ほど反物その他持って参ったか分らぬほどだと申します。秩父や八丈位持って参りましても、細君などが、「おや、お気の毒な、お止しなされればよいのに」と申して、碌々《ろくろく》礼も申さず、わきの方へ突遣って居ったと申すことであります。この人の名字は存じて居りますが認めませぬ。そのような有様でありますから、徳川の役人のことは推して知るべしと申す位だと申すことであります。この間が中々長くかかりました様子で、物に物をかけてようよう許可になりますと、追々《おいおい》同志の人も出来ました。竹内八十五郎（象山先生の初学の師）金児忠兵衛等の人と飯山町安次郎川田村又右衛門などの人々と、下廻り芝村彦四郎などもありました。徳川から船八十艘の許可が出まして、その時日の丸の旗が船の数だけ下ったと申すことであります。

それより大滝へ出張致しまして、いよいよ工事にかかりますと、堅き岩のことでありますから鶴嘴《つるはし》一打にお煎餅《せんべい》位岩が欠けます位（只今ならダイナマイトでも用いますれば訳はありませぬが）、人夫を沢山使役致しましても中々はかどりません。その他川底に岩石がありますのを浚《さら》います、道を造るとか筆に尽し難き困難も致し、費用もかけ、この間が幾年ほどかかりましたかは覚えませぬが、中々長くかかりましたとのこと、この間に徳川の役人が見聞に参りましたり、祖父が出府致したり致しまして、その費用も中々ではなかったとのことでありますが、何分国を繁昌致させたい一心で続けて居ります。その間に船も製造致させたり、大滝へは無論出張所を置きまして、家具その他横田家から持って参りましたのであります。土地が非常に開けぬ所で、男女の見分けも付かぬ位な所だと申します。どうやらこうやら不完全ながら船の通るようになりましたところから、初通船に彼の地（越後）の産物を満載して、芝浦と申す松代より二里の（千曲川の内の名）所へ帆掛船が着致します日は、松代公も殊の外お喜びになりまして、菱のお茶屋（信玄公のお茶屋、武田菱の御紋が付いて居りますので。一名田植のお茶屋）へお出ましになりまして、遠目鏡で御覧になりましたとのことで、横田家一族の喜びは申すまでもなく、同志の人々もこの位喜んだことはないとのことであります。それで持参りましたところの産物は、松代公に献上致しましたり、また親族知己へも遣わしたり致しましまして、これより追々通船の数を増すごとに土地も繁昌致すであろうと喜び勇んで居りますと、徳川から「大滝通船差止メ」と申渡されました。一同の驚きはいかばかり、とても筆にも口にも尽されませぬ。その頃のことでありますから、このようになりましては力に及びませぬ。それでも手に手を尽しました様子でありますが、徳川は松代の繁昌をごく嫌いますところ、謀叛《むほん》でも企てはせぬかとの疑いからでありましょう。

それで叔父も決心致しまして、もはや力ずくでは及ばぬ、この上は学問の力で自分一代に是非成功致さねばならぬと申しまして、中々断念致しませぬ。同じ学問をしても、国で致してはとても志を立つることが出来ぬからと申しまして、江戸表へ出府致しまして、徳川の御儒者林大学頭様の塾へ入り、政治学を修行致すことになりました。修行年間三カ年、入塾致しまして身命をなげうって勉学致しましたことでありますから、上達も早く、大学頭様のお目にも止りまして、叔父が軍学を致しますことをお聞及びになりまして、折々御前にお招きになりまして、叔父の軍学の講釈をお聞きになりましては、「横田の軍学はうまいものだ」と御賞詞《ごしょうじ》を賜《たま》わりましたとのことであります。叔父も師と敬いますところの大学頭様のお見出しに預りましたことでありますから、喜び勇んでいよいよ勉学致して居りましたとのことであります。

二カ年半を過しまして、いよいよ今秋卒業と申す七月中旬、神はこの国益を計りましたるところの横田の家へどこまで不幸をお与えになりますことでありましたろう。叔父は風邪の心地と申して休みましたが、追々容体が悪くなりまして、医師が傷寒《しょうかん》だと申されましたとのことに、一同驚かれまして、早速飛脚を国元へ差立てて下さいました。

この便りを聞きまして、祖父初め一家の驚きは一通りではありませぬ。祖父は直《すぐ》に出立致しまして、夜を日についで板橋まで参りますと、此方より差立てましたるところの飛脚と行逢いました。

ここまで認めますと、筆が動かぬように覚えます。行年二十八歳。

叔父は終生忘られぬ無念の涙をのんで同月二十五日死去致しましたことを知らせの飛脚でありました。祖父はこの報を得まして、狂気の如く急がせまして、着致しますや早々、看病に手を尽された人々に礼は申さず、飛脚を遅く差立てられましたことを責めましたとのことであります。幸い従弟の禰津繁人と申す人と真庭と申す全国遊歴に同行した人々が一緒に居られましたから、十分看病して下さいましたのに、そのようなことを申したと折々母が申し訳ないと申して居りました。

叔父は常々、火葬は罪人を致すもので、決して我々の身体を火葬には致さぬと申して居りましたとのことで、江戸表において葬式を致しました。真田家の御菩提所《ぼだいしょ》赤坂の盛徳寺へ葬りました。墓には「横田九郎左衛門之墓」と書付けてあります。横に林大学頭様御長男某様の御文が切付けてあります。国元へは遺髪だけ祖父が持帰りましたとのことであります。

さてこの叔父には七年前から言名付《いいなづけ》の未来の妻がありました。この人は松山丁前島源蔵（種ケ島の師範にて、象山先生の元の師）と申す人の長女（私の父の従妹に当ります人）名は忘れましたが美人で賢い、女子一通り以上何も出来ぬということのない才色兼ね備えたるところの人でありましたとのこと、松代の風として約束当時より横田家へ出入りして居られまして、忙しき時は手伝ったり閑《ひま》な時は遊んだりして、母には姉妹の如くむつましく、祖母は母以上愛して居りましたとのことでありました。

叔父もこの人も年頃になりましたところから、是非結婚して安心させてくれとしばしばすすめましても、この一事ばかりは両親の命に従いませぬ。三十歳までは妻帯致さぬ決心だと申しまして動きませぬところから、この心中を見抜きましたる祖父は、その意に任せ林の塾へ入ることを許したとのことであります。月花も及ばぬ未来の妻の姿も大事件をかかえましたるところの叔父の目には、見えましてもそれ以上の望みには代え難かったのだろうと存じます。それを母が私共にまで申聞かせまして、「叔父さんは自分の慾を捨てて国のためを思っておいでになった」といつも目に涙をためて申します。

叔父は至って孝心深き人で、父母の命に一度も背いたことはないのみならず、外出致して帰りました時は申すまでもなく、朝夕機嫌聞きに参りましても、四方山《よもやま》の物語またば見聞致しましたことを両親に申聞かせ、その心を楽しませませんと勤めて居りましたが、ことが人様のことに渉り祖父が思い違い等を致しました時には、祖父に意見を致しまして、何ほど祖父が立腹致しましても、言葉を正しく致し顔を和らげ幾度も幾度も諫《いさ》めまして、得心致しました様子が見えますとその場を引下りましたと申します。

私の母は、八歳の時実母が死去致しまして、九歳の時後の母が参りましたが、とかく慈母のように参りませぬから、叔父がいたわりも致し申聞かせも致しまして、旅並びに出府致しました時も母へ手紙を遣わしまして、父母へ孝道は申すまでもなく手習縫針琴などの稽古を励みますよう申越しました。私共も残る手紙を見ましては、このような兄が欲しいと存じました。

祖父が遺髪を持帰りました時の一家の愁傷《しゅうしょう》はどのようでありましたろう。皆その歎きは違って居ったと思います。祖父はこの子をして年来の望みを果し、老後も楽しく送られるであろうと思いましたこと、祖母は自分が見立てましたるところの嫁と一代楽しき月日を送られるであろうと楽しんで居りまして、この嫁と別れねばならぬようになりましたこと、母は慈母なく冷たく情なき悲しみも叔父によって慰められ、一生慈母の代り師の代りと楽しんで居りましたことも皆悲しみの種となりましたこと、一家は思い思いの悲しみに闇の如くになりました。世間の人々からは、この悲惨極まる横田の一族を気の毒だと申した人もありますが、多くは「山をするからだ」と申されましたとのことでありました。叔父の死去は寿命でありましょうが、皆決してそのようには思いませぬ。幕府の非道がなかりせば出府は致さぬ、宅に居ればこのようにはならぬ、成功を見ながら差止めにならねば「山師」だとは言われぬと、一家悉《ことごと》く徳川の非道を恨んで居りました。祖父はこの事件に付き、悲しみは通り過ぎて物事に打腹立ち、生来の短気な人がますます募るばかり、それを見ます母の心中はただ、叔父が居りましたらこのような時と、何事も叔父のみ思いつづけて日を送りましたとのことであります。

さてこのようになりますと、昔の武家のことでありますから養子を貰わねばなりませぬ。母はこの翌年さる門閥に縁組致しますことに約束がととのって居りました。殊に祖母の心に叶《かな》いましたる兄嫁に養子を致しますます方納まりも宜《よろ》しからんと思いまして、再三そのことを申しましたが、祖父が血筋が絶ゆるとて「そのような我儘《わがまま》はさせぬ」と申して聞入れません。いよいよ養子をとることになりますと、所々方々から申込みがありまして、武具馬具衣服調度十二分にしてやると申す門閥、または持参金のある人等沢山ありましたが、皆断ってしまいます。末に祖父から申込まれましたのが私の父であります。父の実家は松山丁で、斎藤亀作と申す人の弟で謙吉と申しました。（祖父は雲平、その次男が私の父）この家は至って小身でありまして横田家の三分の一ほどの知行であります。殊に父は兄がかりの身の上でありますす。文武両道に励んでは居ましたが、五節句の付届けまた盆暮の先生への礼なども祖母の内職と父の魚とり山行き等の品を売りまして、ようように間に合せて居りました位の父に、どこか見所があったと見えまして申込みましたところ、先方では「高も違い、衣類その他の用意が届かぬから断る」と申す返事がありました。また押返して「本人さえくれて貰えば衣服その他は決していらぬ、九郎左衛門の脱殻《ぬけがら》へ入るから」と申す祖父の望みに、先方も承知致しまして、叔父の死去の翌年母の十八歳の時十二月二十四日に横田家へ引越しまして結婚致しましたとのことであります。初めて仏壇へ礼拝致しますところを祖父が見まして、まずまず礼式も十分習った人だと喜びましたと申すことであります。衣服その他も斎藤の祖母の丹精で一通り持って参ります。殊に祖父が驚きましたのは、その頃武士の魂とも申すべき刀は、作りは粗末でありましたが中身が実に立派な物二腰まで持参りましたので、その心がけに感心致しましたとのことでありました。父の実父は刀道楽とも申す位の人であったとのことであります。

さていよいよ養子となりました父は、四歳の時大病を患い、ようよう八歳の時隣まで一人で参りましたと両親で喜びました位でありますから、全快致しましたのが十一二歳の頃で、とても育つまいと申す両親の考えから、手習にも上げず申さば捨育てと申す有様で過しまして、十三歳位から武芸の稽古に参りましても無筆であります。皆外の人は読んだり書いたり致しますので父も恥かしく思いまして、十五歳の時初めて望月と申します先生の所へ弟子入り致しまして、その頃六七歳の人の習います大学から教えを受けましたとのことでありますが、習字は入門の期が遅れまして一人で習って居りまして、一生懸命に勉学致しましたので、二十二歳で横田家へ参りました時は、その頃の人並みより少々立優って居りましたとのことであります。

叔父の後へ参りましたことでありますから、祖父が中々やかましく申します。この頃の方ならとても御辛抱は出来ますまいと存じます。その頃もし実家へ帰りますれば一生日陰者で終らねばなりませぬ。その頃の父の苦痛はどのようでありましたろうと実に察します。しかし叔父の教育を受けました母は決して世間通例の内娘婿《むこ》取りのような行いはありませぬ。父を敬い慰め励まして、実に睦しく暮しました。これで父も辛抱することが出来たであろうと存じます。父も叔父に及ばぬことをよく承知致して居りますので、祖父から何を申されても決して腹も立てず、一心に勉強して居りました。母は、日々祖父母から六《む》つかしく申されますのを中に入りまして、双方へ気を兼ねました苦心はどの位でありましたろう。私共が覚えましてもたえず喧《やかま》しく申して居りますので、母が折々「叔父さんさえおいでならこのようなことはない、私は外へ行けばどの位仕合せだか知れぬ」と申しました。この家内一同苦心に日を送りましたことを親類の人でも知りませぬ。祖父も宅でこそ六つかしく申しますが、親類の人にでも父が叔父に及ばぬなどと申しませせぬ。祖父が鳴物を好みますので、大勢の小児のある中から母が折々琴三味線など弾きまして祖父を慰め、また叔父が生前心添えを致しましたることを忘れぬようにと申して居りました。

かかる中にも国益を計るは叔父の無念をはらすためのように一家残らず思って居りますところから、父も先代の志を受けて、さてこそ人様もお出しになりませぬ所へ私を遣わすと申しましたのであります。祖父も半丁ほど先の手習場へさえお転婆になると申して許しませんにも拘らず、国のためと申すところから喜び勇んで私を遣わしますことを許しましたのであります。また母も大勢子供のあります中、殊に妊娠中にも拘らず一言の不同意も申さず承知致しましたのであります。私も一家の有様を幼少より見聞致しまして、この度自分を一家共同喜び勇んで遣わします心中を言わず語らずの内に承知致して居りますから、同行皆様のように無念と申すことにお出合いになりませぬ方々とどうしてまあ一つ心で居られましょう。一身を捧げてこの大任を果さねばならぬ、しかし私は実に無器用で、そして不甲斐なき生れつきなれば、この大任を果すようなことが出来ぬようなことがありはせぬかと不安心でたまりませんところから、神仏の御力を願わねばならぬと、毎朝一時間位ずつ人様より早く起き祈念をこめましたのであります。とても私一人ただ人様の上に居って名誉を得たいなどと申す一身のため位のことなれば、筆頭になって帰られるような私ではありませぬ。ただただ身に叶うことで祖父や両親の心を少しでも安められることが出来るならと修行中は思って居りました。

また六工社へ参りましては、父が先立ってお奨《すす》め申しましたこの製糸場が不成功に終りますれば、世間の人に忘られて居ますところの大滝一条もまた人々の口の端にかかり、先代もああだからまたこの度も人を奨めてこのようなことになったと申されるであろうと存じますところから、人様の思召《おぼしめ》しも自分の年をも打忘れ、大里様初め元方御一同や仲間の人々の前をも恐れず自分の考え通りを申すのであります。以上記しましたような事情がありませねば、私とて僅か十八歳位の年でこの勇気は出ませぬ。親を思う一心ほど世に恐ろしいものは無いと只今でも十八歳位の娘さんを見ます度ごとに思い出します。その時はそのようにも思いませんでしたが、さぞ皆様が年に似合わぬ出過ぎ者だとお思いになりましたことであろうと存じます。ふだんは人様にお話もろくろく出来ぬ私も、この業に付きましてのお話になりますと心にありたけのことを申して居りました。その勇気の原因は皆叔父が地下に眠り兼ねて居ますところの「富国強兵」が元で、この私にまでこの勇気を与えましたのであります。

以上記しました物語を御覧下さいまして、万一私の叔父を気の毒な人だ、そのような人があったかと思召して下さる方がありますれば、私はこの上の喜びはありませぬ。叔父が常々、

「子孫の繁昌を思わば宜しく善事を積め」

と母に申聞けましたとのことであります。もし叔父が私欲のために致しましたことなれば、財産を使い尽し負債まで沢山ありましたところの横田の一族、只今頃居どこ立ちどこにも迷って居ますことでありましょうが、まずそのようなこともなく居ますのは、全く叔父が積みましたる善事が報《かえ》って参るのかと存じます。私などの苦心致しましたのは目に見ゆる業のことでありますから物の数にもなりませぬが、弟共妹共は父なき後の苦心私以上苦心に苦心を重ねましたることと察して居りますが、互に親兄弟に心配をかけ

まいかけまいと力《つと》めて居ますから、その身の外知った人はありませぬ。弟等が只今の地位までこぎ付けましたのも一朝一夕のことではありませぬ。六十年の昔祖父と叔父とが種を蒔《ま》き、両親によって培養され、只今ようよう実を結び始めたところであります。この弟どもを見るに付けましても、叔父の賜物と気の毒のことを一日片時も私は忘れません。折ふし墓参りを致しまして自分の心を慰めて居ます。

私が何故人様より一時間も早く起きて神仏を拝しましたかと申しますと、これにも訳があります。母は叔父の死去と同時に神を祈ると申すことを止めましたとのことで、「もし神が利益《りやく》を与えて下さるものならば叔父さんなど死去は遊ばさぬ。お前たちも決して神信心は致さぬよう」と申付けられました。しかし私は実に不甲斐ない生れつきでありますから、この一事だけは母の申付けを守ることが出来ませぬ。身に応じない大任を自分の力ばかりで果すことが不安心と思います心の弱みから、親の申付けを背いて信心致しましたが、このことを母が知りましたらさぞ不快に感じますであろうと思いまして、人の起き出ぬ先に心ゆくまで十分に祈念をこらしましたのであります。只今考えましても、私共のような学問の教えを受けぬ時代の若き娘などには神信心は誠によいことと存じます。とかく気の変り安き頃、毎朝神を祈ります時は、決して嘘偽りは申しませぬ。神に向っては必ず我が本心を打明けます。その本心を神の前で曲げたことは申されませぬ。朝誠を神に祈り、その日曲ったことを心にも思う訳には参りません。一日のことは朝《あした》に有りと申すは実に金言であります。業の上達せぬ時は未だ未だ自分の一心が足らぬと思い、幸いあれば神の御力と思い、決して一時半時たりとも心に油断がありませぬ。私など若き時、万一寝忘れて皆人様が起きられて、心ゆくまで念じることの出来ぬ日は何となく気分が勝《すぐ》れませぬような感じが致しました。神を祈る位な者が決して自分で怠けて居ることは、神に対して出来ませぬ。これが私の心でありました。

大里氏と四百廻

その頃目が切れますことを心痛致されますところの大里氏が、私が創業以来一日も欠かさず一人に付き二つずつ四百廻をとって居ますので、折々おいでになりましては、「横田さん、そんなにとらないで置いて下さい、目が切れて困るから」と申されますが、この一事は決してお言葉に従いませぬ。いつも笑いながら、「このことばかりはいくら大里様の仰せでもお聞き申すことは出来ません。繭《まゆ》が悪いから糸の見悪《にく》いのは仕方がありませんが、六工社の糸にむらがあったと言われましては、六工社の恥になります。小さく申せば六工社の恥、大きく申せば国の辱《はじ》、何を申すも西洋人を相手の仕事だから、私がここに居ます内はこのことばかりは止めません」と申しますと、いつも苦笑いをして、「そう言われると困るなあ」と申されました。いかに目の切れることを心痛致されましたか、またいかに売込みの時西洋人から突かれることを御存じなかったかはこの一事でも分ります。また私がいかにこの業に付きまして強情を張りましたかはこの言葉でもわかります。仲間の人でさえ、そのように毎日毎日とらないでくれ、少しは楽をさせてくれと申した人もありました。

六工社の夜学

追々《おいおい》日が短くなりまして夜が長くなりますところから、元方御一同のお考えか、この夜長に空しく休んで居っては何にもならぬと申されまして、工女一同夕食後夜学を致すことになりました。読書習字珠算とありました。私は富岡の巻にて記しました如く手習に参りませぬから、常に筆法を習いたいと思いつづけて居りましたから、大喜びで真先に出かけました。

中村氏が丸山のお弟子で御家流を能《よ》くお書きになりましたので、同氏にお習い致しますことに致しました。同氏が昔習われました時の御手本を沢山お持ちになりまして、工女の大勢にお貸しになりました。私も一本拝借致しましたが、実に恐入りましたのはその多くのお手本を両側から板で締めてありまして、一点の汚れも付かず一筋の皺《しわ》もありませぬ、いかに大切に致されましたことでありましょう。さすが御老母の御教育とただただ感佩《かんぱい》致しました。そこで私は、「残暑甚敷」と申す書出しの手本でありましたが、この残暑と申す二字だけに四晩か五晩かかりましても筆法が丁度に出来ませぬ。中村氏もほとほと私の無器用に閉口致されましたと見え、「横田さん、あなたはお書きくずしになったお手本だからお骨ばかり折れてそれほど効はありません。それにお書きになる方はそれでお間に合って居ますから、それより算盤《そろばん》の方を遊ばしたら如何です、何事にも入りますから」と申されまして、私もこの度《たび》こそと思いましたこと、実に残念に存じましたが、算盤も必要でありますから翌晩よりいよいよ珠算を同氏に習いました。

一緒に習いました人が十余人でありまして、二一天作の五から致しましたが、相変らず覚えが悪う御座《ござ》います。外の人々は覚えも能く珠の音も宜《よろ》しゅう御座います。私は覚えて一生の宝に致したいと存じまして、一心に致して居ました。追々覚えまして、九の段まで上りましたところで八算《はっさん》総まくりをすると達者になると申されまして、毎夜毎夜致しまして、部屋へ帰りましても十二時過ぎまではじいて居ます。しかし折角《せっかく》出来ましても湯に入りますと大かた忘れてしまいますので、二三日も入湯致さずに居ったこともありました。ようよう見一《けんいち》になりました時は初めの十余人が私共に両三人になってしまいました。私は相変らず致しまして、商売割になりました時は私一人になりましたが、やはり続けまして、とうとう一通りわかるようになりますまで御教授下さいました。

その後は万事算盤で致すことが出来ました。只今も日々用立って居ますのは、全く六工社の賜物、また無器用なる私にこれまでに御教授下さいました中村氏の御厚恩、いつの世にか送ることが出来るでありましょうやと存じつづけて居ます。その時書いて頂きました帳面は記念のため大切に持って居ります。

夜学には元方総出にて御教授下さいました。大里様は読書習字、中村氏は習字と珠算、土屋氏は習字と珠算、宇敷氏は読書と習字、工女方も皆喜んで大方毎夜出られまして、中々《なかなか》盛んでありました。

六工社と小野組

この頃、只今の銀行と同じような仕組みの小野組と申すが上田町にありました。六工社で繭《まゆ》はこの手から間に合せて居られるように大里様がお話しになりました。(但し金子のように私は見受けて居ました)。大里様は小野組のことをお店お店《たな》と申されました。

或日私に「お店も段々《だんだん》むずかしくなって潰れるかも知れません。そのようになりますと六工社も戸を閉《た》てねばなりませぬ」と実に実に心配そうなお顔で申されまして、私も心配で心配でたまりませんでした。しかしこのことは仲間の人たちにも話しません。中しましたら皆騒ぎ立てるであろうと存じましたから、日一日と心配で、元方の方々のお顔ばかり眺めて居ました。

日々少しずつ土屋中村両氏岸田氏が買集めて参られまして、まずまず一日も繭《まゆ》なきために戸を閉てるようなことなしに十二月までとり続けまして、同月十二日閉業になりました。

閉業祝と仕着せ

いよいよ明治七年十二月十二日、まずまず首尾能《よ》く閉業致しました。未だ海とも山とも分らぬながら、明年のこともあります、また富岡でお仕着せが渡りますからと申しますところからか、一同へ仕着せが渡りました。唐糸縞《からいとしま》の黒地に濃き鼠の三筋立てでありました。それを十一歳位の少工女まで同じことでありました。実に地味な柄であります。上の工女方へは裏表（浅黄《あさぎ》金巾《かなきん》）、下は表だけ、夜具持参の人へはよりこ二把渡りまして、私まで貰いました。

その夜は閉業祝と申されまして、中々《なかなか》御馳走が出まして、お酒までお出しになりました。南部屋は和田さんのお部屋、北部屋は私の部屋、席定りました頃、大里さんがお先立ちで元方御一同御出席になりまして、第一番に大里さんが、

「さて皆様、本年は創業の際でありますから万事行届きません。実に御苦労をかけました。また明年も本年に増して御苦労願いたい。いささか閉業祝の印ばかりでありますが、

ゆるゆる召上って下さいますよう、実はいま少し御馳走を致す考えでありましたが、この度お店《たな》が閉店になりまして、その方へ遠慮も致さねばなりませず、かたがた実に御粗末で申し訳がない。また六工社が盛んになりますればその時こそ何ほども御馳走を致しますから、何卒御勘弁下さいますように」と申されまして、第一番に私の前へおいでになりまして「段々《だんだん》有難う御座《ござ》いました」と申されまして、お盃を下さいました。外の方は何も申されません。ただお盃だけお持ちになりまして、「御苦労様でした、また明年もお願い致します」と申されまして、日頃の渋いお顔はどこへやらと申す有様にて中々面白そうにしておいでになりました。私が実に閉口致しましたのは、工女方が一人一人皆私の所へお盃をお持ちになります。初めはお吸物椀の中やお皿へお酒を明けて居りましたが、中々明け切れません。そこで私が好奇心にかられまして、自分も父の娘だ、どの位《くらい》飲めるものか試《ため》して見ようと、とんだことを考え出し、中途から人々の下さるお盃を引受け引受け中々十五六杯位ではなかったように覚えます。しかしどの位強いものか、酔いますことは酔いましたが、決して小間物店だの前後忘却だのと申すようなことなしに、御飯も頂きまして休みました。只今考えますと婦人に酒、大禁物、私が皆様をおとめ申さねばならぬのに、とんだ所で自分を験し、また人様にも上げましたのは実に申し訳のないことだと思います。さぞ皆様方が驚いておいでになりましたろうと、今更面目次第もありませぬ。

翌十三日朝一同帰りました。まずこのようにして創業第一年の事業も一同心配の中から首尾能《よ》くしまい、元方工女双方笑顔で別れましたのは実に祝すべき前兆かと存じます。大里氏のお言葉で初めて小野組が閉店致しましたことを承知致しました。

六工社よりの礼　私の心の迷い

十二月十三日帰宅致しまして、私は弟妹等の春着の用意または家事に忙しく日を送って居りました。同月末の頃ある日大里さんがおいでになりました。直《すぐ》に母が出てお目に懸かりまして、私も傍に居りますと、大里さんが、「年内は色々御心配をかけまして有難う存じます。お英さんには格別御苦労願いまして、お蔭でどうやらこうやら首尾能《よ》く閉業致しました。何とかお礼の致しようも存じては居ますが、何を申すも未だ見込も立たぬような次第で心に任せません。これは社中一同の志の印までであります がお花紙でもお求め下さいますように」と申されまして、銀包に「御礼金五円六工社」と上書きがしてありました。すると私は一目それを見ますと、日頃の信心も打忘れ、心中にお礼なんか来るだろうとは夢にも思わなかったが、このように持って来て下すった、あれで何ぞ拵《こしら》えて下さるだろう、何を拵えて下さるやらなどと思って居ります。すると母が非常に迷惑な顔になりまして、「これは思いも寄らぬ御心配を遊ばして下さいます。未だ御利益も上らぬ内にお礼などは思いも寄らぬこと、思召《おぼしめ》しは頂いたも御同様、御持帰りを願います」と申して、大里さんのお前へ戻して居ります。私は心中、折角《せっかく》持っておいでになった物をお返し申さずともよさそうなものだなど自分勝手なことを思って居ります。するると大里さんが、「そのように仰せられては私が困ります。これは私が一存で致しましたことではない、一同に代って伺いました。私これを持帰りましては一同へ対しても済まぬから是非お納めを願いたい」と申されます。母がまた「いやこれはどうあっても頂く訳には参りませぬ。元より数馬がおすすめ申してお始めになりました六工社、数馬がお手伝いでも致すべきところ、娘が少々働きました位《くらい》にお礼などを頂きますことは決して出来ませぬ。やがてお利益のありました上に思召しとありますれば御遠慮なく頂戴致しますが、この度《たび》は平《ひら》にお持帰りを願います」と、受引く様子もありませぬ。私はあのようにまでおっしゃるものをなど心中に思って居ります。彼方《かなた》へやり此方《こなた》へやり中々《なかなか》果てしが付きませぬ。母もついつい根気負けをして、「そのように仰せられますなら、数馬が何と申しますか帰宅致しますまでお預かり申します」と申しまして、それでひとまず落着が付きまして、四方山《よもやま》のお話の後お帰りになりました。

お礼は中も改めずそのまま簞笥の引出しへ入れてしまいました。慾に心の迷いましたる私は、どうなることかと心中には思いましたが一言も申しませぬ。ただ父が帰宅して何とか申すであろうと心中に思いつづけました。しかし私の家では先代からの家風とでも申しますものか、どのようなことでも両親の致しますこと子供が何とも申しませぬ。相談がありますれば銘々《めいめい》見込を申します。相談でない時万一申しますと、「余計なことを申すものでない」と申聞けられます。

まず私のこの時の心中はいかに浅間《あさま》しくいかに汚れて居りましたろう。これが神仏に身命を捧げて六工社の隆盛を祈念致しました私に相当致しますでありましょうか。実に小人罪無し玉を懐《いだ》いて罪有りと申しますが、未だ玉も手にとらぬ先に「逢見ての後の心にくらぶればむかしは物を思はざりけり」と申す歌は恋歌でありますが、何事も見ぬこそ清けれ、心の汚れは目より入ることと思われます。身命を捧げたほどのことなれば、いかなる大切の品とても売代なしても六工社のためなれば惜しくは思わぬ筈、殊に両親が付き居りました私、何不自由なく人中へも出られるようにしてくれますのに、何を苦しんでこの利益も上らぬ、立つ潰れるもわからぬ六工社からのお礼で自分の贅沢品をもとめてくれるだろうなど思いましたやら、その時の考えは決してこれが欲しいと申す考えもありませぬ、ただ自分が働いたお礼、両親の手からでない自分の力でとれた金、その金で何ぞ拵えて見たいと申す、実に馬鹿馬鹿しいつまらぬ考えを持って居りました。実に馬鹿馬鹿しきは若き者の考えであります。

父はその頃長野に居りました。その後帰宅致しました時、母がお礼の話を致しますと、以ての外不快の顔つきを致しまして、「お前も何で礼などを受取った、返してしまえばよいのに、利益も上らぬ内にとって置くということがあるものか」と申しました。母が「どのように申しても持帰らないで、私もよんどころなく預かって置きました」と申しました。私も父の顔父の声父の口上を聞きますと、夢から覚めたようになりまして、ようよう自分の考え違いに心付きますと、実に実に何とも申されぬほど心苦しく感じまして、自分は今まで身命まで捧げて神仏を祈念致しながら、何故あのような汚れた浅間しい心を出したであろう、口にこそ出さね、実に済まぬことをしたと、大罪を犯したように思いますと、居ても立っても居られぬ位でありますが、両親も私の心の汚れを存じません。直に懺悔致したいのは胸一杯でありますが、申したらさぞ両親が驚くであろう叱られるであろう、自分の子がこのような浅間しい心を持つかとさぞ情無く思うであろう、叱られてもそれは当り前だけれど、さぞ情無く思うであろうと思いますと、もはや懺悔する勇気は挫《くじ》けてしまいます。申して気色を損ずるより申さぬ方がましならんと決心致しまして、このことに付きましては一言も申しませぬ。すると父も母の物語を承りまして、「そのように申されたところへ返しては却って心持を悪くするようになるから、何ぞ重宝になる品をもとめて遣わす方宜《よろ》しかろう」と申しました。この時私は初めて口を開きまして、「おとっさん、金《かね》の柄杓《ひしやく》か匙《さじ》を拵えさせてお遣わしになりましたら如何で御座《ござ》います」と申しますと、父が「それもよかろう。しかし五円では何ほども出来ぬ。やがて利益のあるようになれば六工社で拵えるだろうから、不揃いになると却って迷惑をするであろう」と申しました。(いかに木の柄杓灰ふるい匙を心にかけましたかはこの一言でも分ります。見かけが悪いからと申す訳ではありませぬ。実に使い悪く時間がよほど違いますから。)両親はあれかこれかと相談致しました末、父が、「どうで工女の賄《まかない》をするから干物がよかろう、いつまで置いても悪くならぬような品を」と申しまして、椎茸と干瓢《かんぴょう》を遣わすことになりまして、五円皆遣わしては折角の厚意を無にするようで宜しくないと申しまして、この二品を四円五十銭ほどもとめて、おうつりとして長屋の和吉と申す者に持たせてやりましたが、その頃価が下直《げじき》でありましたから五幅風呂敷に一ぱいありました。

私共仲間の人たちはどの位でありましたか一向知りません。皆私より以下だろうと存じますが、互にお礼のことは一言も申しません。いかに気位が高かったものやらと只今でも折々思い出して居ります。しかし内々座繰《ざくり》をとった方が徳だと申された人が仲間にも新入りにもあったように承りましたが、表向きでは何とも申されません。

その後は自分で自分の心の汚れぬよう心懸けて居りました。叔父が申したと母が毎々《まいまい》申聞かせましたが、実にこの歌の通りであります。

「心こそ心迷はす心なれこころに心心ゆるすな」

当地へ参りましても、お礼一条の私の心の迷いは忘れませぬ。母に逢いましたら話しましょうと思って居ますが、外の話に実が入って一度も思い出しません。後でまた忘れたと気が付きます。三十五年の昔犯しましたる心の汚れを初めて懺悔致します。世に若き人の考えほど当てにならぬものはないと、ここに書きとめて置きます。

私は国元を出ましてから、製糸業に従事致しましたことを誰にも一言も申しません。同じ所に十三四年も居、姉妹も及ばぬほど親しく致しました人々にでも決して申しませぬ。申しますと私は前後も忘れてこの業のことを申しますから、その人は私の親友でありますから実とも思われますかも知れませぬが、他へ漏れますと、その内には法螺《ほら》を吹くとか何とか申されましては少しの益もなく、却って身の仇《あだ》になります。どんな育ちをした者やらと両親のことまで申されるであろう。その業に従事して居ってこそ申す必要もあれ、何も申さぬに如《し》くはないと心に誓って居りました。しかし一日も忘れたことはありませぬ。

独り居ます時は八年間のことを繰返し繰返し日々楽しんで居ます。汽車汽船または近所の製造場などの汽笛の音を聞きましては、世界第一の音楽を聞きますより私の耳には楽しく聞えます。自分が従事致しましたところの業がますます隆盛になりまして、帰省致すごとに汽笛の数が増して参ります。この業によって松代も段々《だんだん》栄えて参ります。母も日々この音を聞いて喜んだり楽しんだり致して居るであろうと日々考えて居ります。祖父も叔父も地下でこの音を聞きます時は百千の僧の読経より嬉しく思いますでありましょうと、それればかり私は喜んで居ます。昔身命を捧げた業が今は自分の長寿の妙薬の如く、いかなる苦痛もこのことを思います時には一時に忘れて、身の幸福を喜びます。大かく認《したた》めましたとて、決して私の力で成功したの何のと思いますのではありませぬ。大勢寄りましてこそ功も奏します。いかに一人で働きましたとて決して成功するものではありませぬ。不成功に終りましたらこの楽しき汽笛の音も地獄の鐘の音の如く、人は知らずとも自分が聞いて命を縮める種となったであろうと、そのことを片時も忘れず喜んで居ます。「末は雲助」の歌も昔語りの笑い話の種となりましたのは、実に嬉しく喜ばしく筆には尽されませぬ。

以上記しましたことは日記もなく日々私が繰返し繰返し二十九年の長日月心に秘めて置きました昔語りであります。この次より第二年三年と順に記してお目に懸けます。

六工社創業第二年目の春

六工社創業第一年目は前段に記しましたる有様にて、まずまず目出度《めでた》く閉業致しました。私は宅に帰りまして、弟妹の春着の用意も調え、新しき年を迎えまして心地よく覚えます折から、いと喜ばしきことが家の内にもありました。末の弟が永々病気のため夜分床に就きますと泣きますので、母は永い間夜と共に抱きかかえて立尽して居ますので体が弱ります上に、弟の植疱瘡《うえぼうそう》のこじれが乳に伝染しまして乳首が切込みまして、乳を呑ませますと非常に痛みますのを見るも痛ましいようでありました。私が休業で帰りましたその夜から手代りをしたいと思いましても、私の留守中生れましたから私に馴染みません、私にはだかれませぬ。致し方がないからお前は先に休めと母が申しますから、私も床に入りますが、その泣声を聞き母の立尽しますのを見ますと中々《なかなか》眠られませぬ。

毎夜毎夜その通りに心を苦しめて居りましたが、また私のことでありますから、神の御力を願うより外仕方がないと思いまして、十二月十九日の真夜中、庭へ出、泉水の氷を砕き、自身は丸裸になり、金盥《かなだらい》にて水を汲み幾杯も幾杯も肩よりかけて身を清め、八《や》幡《わた》の八幡《はちまん》様、竹山の稲荷様を一心不乱《いっしんふらん》に祈念致しました。八幡様へは母の乳の治ります よう、四足二足並びにいり豆を三カ年間断ちまして、稲荷様へは弟の夜泣きの治りますよう、御願果しには赤飯と油揚を奉納致すと申して、その翌夜二十日の夜弟の夜泣きがふっと止りました。私は今にも泣くかとその夜は目も眠らず気を付けて居りましたが、実に静かに休みまして、夜はほのぼの明けました。母は幾月この方になく弟が休みますので、疲れて居ますこととて日の高く昇りますまで知らずに休みまして、八時頃ようよう目を覚しまして、夕べは坊がよく休んだのでこのように遅くなるまで知らずに休んだと申して喜んで居ました。

その翌晩も能《よ》く休みましたが、決して願がけを致したことは申しませぬ。母が神信心を好みませぬので。二十一日に先々代の祥月命日で真田の姉が参りましたから姉だけに内々話しました。姉も大層喜びました。姉は私以上神信心を致しますので。母も十分眠りましたのでいといと快き顔つきになりまして、何となく気力も付きましたかのように見受けます。私はその嬉しさは今に忘れませぬ。

それで私は何卒今晩も能く下に休みますようと心に念じて居りましたが、実に幸いその後は毎夜毎夜下に休みまして、一度も泣きませぬので、弟も日に日に快方に向い、母の乳も能く眠られますので元気が付きます故か日に日に快くなりまして、一月頃は大方治りましたから、日々楽しく嬉しく、時節は寒中ながら家の内は春の如く、朝から晩まで笑い続けて居ます。（以上記しましたことを只今の皆様が御覧になりまして、迷信も甚だしい、このようなことがある筈がないと仰せられましょうが、決して偽りのことではありませぬ、ありの儘を認《したた》めましたのであります。実に竹山の稲荷様位夜泣きをお止め下さいますのは恐れ入ったものだと只今でも思って居ります。）

その内にも六工社の工女方が日々御年始においで下さいます。中々賑やかなことでありました。母と私で居ります時でも笑い続けますので、裏隣の方が、横田では親子で居て何が可笑《おか》しくて毎日毎日笑って居るやらと申されたと申すことであります。人様が不思議にお思いになりますも御尤《ごもっと》もであります。母が色々面白く話しましても弟や妹がつまらぬことを申しても、私が極々《ごくごく》の笑い好きでありますから何事も皆笑いますのであります。折節は余り笑いますので叱られたこともありますが、なおおかしくなりまして陰に逃込んで笑いますことは毎度ありました。父は留守、母と弟妹と私ばかりでありましたから、まず極楽と申すはあのような時のことを申すのでありましょう。六工社に居ましてはいかに笑い好きな私でも中々笑うどころではありませぬが、宅に居りますればそのような心配もありませせぬ。日々母と弟の快くなります嬉しさに追々《おいおい》母の顔色も赤味を添えて参りますので、ただもう嬉しいことばかりでありますから、毎朝弟共妹共四人学校へ参ります世話やら家のことの仕事などの忙しきことも喜び勇んで致して居りました。するとたしか二月初めかと覚えます、或日中村氏がおいで下さいました。母と共に直《すぐ》にお目に懸りました。

蒸気機械の元祖六工社製糸の初売込み
――生糸二梱　中村氏売込場の物語――

さて中村氏へお目に懸りますと、いといと喜ばしきお顔であります。同氏は至って人相のよい方ではありましたが、また至って真面目《まじめ》で居られますのが常でありました。まず時候の挨拶が済みますと、同氏が、「さて昨年中は段々《だんだん》御心配下さいましたが、六工社の糸をこの頃売込みまして、実に上々の首尾でありました。それで早速お礼かたがた売込みの様子を申上げようと思って伺いました」と申されました。母も私も日々笑いの中から心にかけて居りましたことでありますから、何とも申されぬほどその物語を聞きたいと思いました。

中村氏物語――「さて私も悪い繭《まゆ》ばかりでとりました真黒な糸ただ二梱《こり》持って参りました。その心配はどの位《くらい》だかわかりません。仲間の者は皆上等な繭でとった雪のような糸を沢山持って参りますことでありますから、中には私を馬鹿にする人、またそんな糸を持って行って売れるものかと申さぬばかりに申されるのを聞き、そのつらさは何とも言われませぬが、仕方がないと諦めて何とも申さずこらえて居りました。いよいよ今日は生糸の検査場へ引込みました時の私の心配はどの位でありましたろう。恥かしいやら情ないやらで後の方に引込んで居りました。仲間の者はこれ見よがしに銘々《めいめい》自分の糸を出しました。その美しさは譬《たと》えようがありませぬ。いよいよ私の番になりまして、二梱の糸を出しました時は丁度お姫様のおみ足と私のこの毛臑《けずね》を並べたようで、実に顔が赤くなりました。すると仲間の者は糸と私の顔を取分けに見て笑って居るように見えます。穴があったら入りたいと思いました。その黒い糸を西洋人が一目見まして直《すぐ》に「これは珍しい糸を持って来た。これは蒸気機械の糸ではないか」と尋ねますから、「左様であります」と申しましたら、「このような糸なら何ほども買ってやる。糸は何ほどあるのか」と申しますから、「この二梱だけです」と申しますと、「惜しい物だ、なぜもっと沢山持って来ない、これは気に入った、沢山あれば七百枚でも八百枚でも買うけれど、たった二梱では幾ら良くてもはした物で、そうは買うことが出来ぬから六百五十枚までに買って置く、この次は沢山持って来るように」と申されました時は、私は夢ではないかと思いました。それで座繰の雪のような糸は「四百五十枚より買われぬ」と申しましたので、仲間の者も驚いて、「あんな黒い糸を六百五十枚に買って、何故この糸を四百五十枚により買われぬのだ」と申しましたら、「お前さんたちもあんな糸を持って来れば幾らもよい値に買ってやる」と西洋人が馬鹿にしたようなことを申した時の皆の顔は何とも讐えようのない顔をして居ますに引替え、私の鼻が俄《にわ》かに高くなりましてこのようでありました（天狗の鼻の真似、両手を鼻の先にやって手真似で致されまして）、実に西洋人の目の高いには驚きました。また蒸気機械の糸のよろしいと申すことも初めて承知致しました。まずこの位嬉しかったことは生れて初めてであります。仲間の者の萎々《しおしお》して居りますのを見るとおかしくてたまりませんでした。あまり私を馬鹿にして居りましたから、「私等はな、色は黒くもそんな糸は持って来ぬ、品は少くも上等の品を持って来る」と申してやりましたが、誰も一言も申しませんでした。あんな選り出し繭でとった糸が上等の繭でとった糸より二百枚も高く売れるとは、実に驚いて夢のように思われます。その後私に向って小さくなって居って、実に心持が宜《よろ》しゅう御座《ござ》いました」と申されました時は、母も私も生きかえったような心持が致しまして、口も結ばれぬ位喜ばしく感じましたが、何を申すも売込まぬ先は口に出す訳に参りませせぬ。殊に煮てとらせてくれと申された時、大里夫人のとられた時、私が先に立って立派なことを申して強情を張りましたことでありますから、実に実に嬉しく、中々《なかなか》言葉に尽されませぬ。「それはまあ実に結構で御座いました。ようよう安心致しました」と申しまして、四方山の話に時を移して帰られました。

何故開業七月以来十二月までにようよう二梱かと申しますと、人の糸を賃挽き致しましたのは皆座繰のように小さい四角な大枠《おおわく》にかけて角をしめし、島田にして下げ糸にして座繰の中へ入れてその主が持って参ったのであります。それ故その主が、友よりはよりがかかって一筋一筋にぱらぱら致しますので、真綿のように軟かにならぬと小言を申します。また元方の人たちもやはりどうも軟かにならぬ軟かにならぬと私に毎々《まいまい》小言を申されましたが、私は煮過ぎて腰折れ糸になることを皆様がご存じないからあのように申されるのだと心中思って居りますので、どのように申されましても富岡通りにして居ったのであります。仲間の人々も私同様中々聞きませぬのが実に仕合せになりました。売込みの物語を聞きましてから、母と両人明けても暮れてもそのことばかり申出しまして、「まあよかった、これでようよう安心した」と母も申します。私も「実に嬉しいことであります、これでようよう元方の人たちも解りましたでありましょう」と申して、また尋ねられます工女方にも話しまして、共に喜んで居りました。

売込み相場銀目のこと

先にちょっと認《したた》めますのを忘れ書残しましたから、ちょっと左に認め置きます。只今は如何や、その頃は生糸の価は皆銀目で申しましたから、

六工社初売込みの六百五十枚は、

現金千八十三円三十銭に相成ります。

座繰《ざくり》の四百五十枚は、

現金七百五十円に相成ります。

御存じかも知れませんが、私の承知致して居りますこと、三十九年前のことゆえちょっと申上げて置きます。銀目は六で割りますと現金が出ました。

只今考えましても、上等の繭《まゆ》で製しましたものが七百五十円、選り出し繭の縮緬《ちりめん》糸にその頃するような下等の繭で製したものが千八十三円三十銭になりましたことでありますから、人の驚いたのも無理はありませせぬ。しかし西洋人が蒸気製法を奨励致しましたのかも知れませせぬ。

売込み後の六工社

横浜の初売込みが前文の次第でありましたから、生糸界の人々は申すまでもなく、市中至る所この評判を知らぬ者はないようになりました。その頃は新聞と申すものは東京には二三種ありましたようでありますが、信州などへはまず参りませぬが、人から人に伝わりますのも中々《なかなか》恐ろしいものであります。六工社とさえ申せば生糸では並ぶものがないと人々に思われるようになりました。あだかも旭の昇るが如き有様でありました。僅《わず》か半年も立たぬ内にかくまで相変ずるものかと、ただただ驚きの外はありませぬ。

その後私共が通りましても「豚」とも申しません、「末は雲助」の歌も聞きませぬ。私は実に人は正直なものだと感心致しました。私共の喜びはどのようでありましたろう。しかし兼ねて期したることとなれば、別に威張りも致しません。この上ともますます勉強して製糸場の隆盛になりますよう、また二つには富岡御製糸場の御名を揚げたいと日夜念じて居りました。

日記の写し

大正二年十一月二十五日認め　　　　和田ゑい

第二年目開業

たしか四月二十日に開業になりますとのことで、二十日の朝、皆一同今年こそはと喜び勇んで、道順でありますから、仲間の人は大かた私方へ誘いまして参りました。すると、帳場の前と繰場《くりば》の端を通りまして、おのおの自分のへやに行きますような通り道になっていますので、そこを通ります時に、何やら繰場の入口に筆太に書いた一片のした物〔一枚の紙に書いたもの〕がありましたから一目見ますと、

第一条　何事に関わらず中廻りの人に申出すべし。直《ただ》ちに帳場へ申出す事、相成《あいな》らず候事。

第二条　諸事中廻りの人のさしずにそむき候事、相成らず候事。

第三条　何々

第四条　何々とこれあり

と書いてありましたが、私は自分のことと思いまして別に心にも留めません。仕度をして出てみますと、見知らぬ工男が両人と、肥満したいかにも尊大にかまいたような二十七、八歳とも見ゆる婦人が、繰場の内を我物顔に廻っています。私は実に驚きましたが、大里氏初め元方一同、又海沼氏よりも一言の話もありませぬ。この時に至り、私は怒り

心頭に満ちましたが、まず彼らの致し様見きわめ、その上にて思案はあれと、わざと笑をふくんで何事も申し出しませぬ。

私は私で繰場に参り、揚枠場にも参り、平日と同じよう努めて平気をよそおいまして居ますと、新入工女のところへかるかやの「ほうき」〔刈萱の箒〕を持って参りまして、工男とその婦人がつかって見せて糸の口の付け方など直していますが、さすが富岡帰りの人の前には参りませぬが、私ども仲間は皆立腹して、私に内々申されましたが、私が「今何やかや申すと見苦しいから、今日だけ知らぬ顔して居、今夜何かの相談を致す方よろしからん」と申しましたら、皆同意でありまして、昼食も致し、夕方仕舞いますと、一同私のへやに参られました。

その内に、昨年の新入の人に委《くわ》しい様子を知った人がありまして、その工男は佐久間猪之吉と木村某、婦人は藤田ふみと申す人でありまして、佐久間と藤田は奥州二本松のたき火〔焚火〕の製糸場に居た人で、流儀は「イタリヤ」つかみどりの人で、中々《なかなか》両人共高言《こうげん》を申しおられ、富岡帰りの工女が何程のことが出来るものか、我々に任せれば世界無比の良品を製すようなことを申されたとやら。

右を聞きました私どもの無念は、まあどのくらいでありましたろう。創業の際、何事も知らぬ元方を相手にして、苦心に苦心を重ねまして、初売込も上々の首尾、今年こそは双方笑顔で業もはげまれ、又繭《まゆ》とても去年に引替え良き物を繰られるであろうと、口には申しませぬが心中は皆同じ心で、喜び勇んで参りましたかいもなく、ただ一言の話もなく、何程の業が出来る人かそれさい知れぬ人々に、大事の大事の繰場を歩み汚され、何の面目におらるべき。実に元方の人々の仕方こそ心得ねと思いますと、実に無念で無念で今日一日知らぬ風にて過したるその口惜しさが一時にこみ上げ、私が第一番にわっとばかりに泣き出しました。残る一同も一人として涙をこぼさぬ人はありませぬ。たがいに手を取合いまして、さんざん泣きましたが、私の「もはやこの製糸場に居るわけには参らぬ。決して皆様は私が帰るからと申して、御一所《ごいっしょ》に御出《おいで》下さるには及ばぬ。皆御心任せに遊ばすように」と申しましたが、誰一人残る人はありませぬ。「あんな何国の人だか知らぬ人に大きな顔をされて、だれがこのような所に居る者があるものか」と申されますから、「それではこれから直《す》ぐに帰りましょう。帳場へ知れると面倒だから早く仕度をする方がよい」と、おのおの一抱えの包を持ち、帳場の所へ参りますと、大里氏が箱火鉢に向い外の通りをながめておられました。

この度は私が真先に立ちました。実に実に早口に「大里様、長々御厄介になりまして有難《ありがと》う存じます。これでお暇《いとま》申します」と申すやいなやかけ出しました。つづく一同の人達も「有難う。有難う」と申し、飛鳥の如くかけ出しまして、つかまいられましては、ことがむずかしくなりますから、後をも見ずに一生懸命いきと足のつづくだけかけました。大里氏はただぼうぜんと皆の後姿をながめておいでたと後で承りました。

仲間一同は宅（代官丁横田）へよられまして、母にそのことを代る代る申され、私も申しました。母も「それはもっともだ。そのような所にはおらぬ方がよろしい」と申しまして、皆一同で「今頃はさぞ騒ぎでおるだろう」など、先程の泣き顔に引替え、皆勢いよく笑いきょうじているところへ、海沼氏いきもたいだいにかけ付けました。母が出て遊ばしますと、「何か思召《おぼしめし》に合わぬ御様子で、お揃いでお帰りになりましたが、思召にかなわぬところは幾重にも改正致しますから御帰場下さるように」と申しましたが、母が「いや、もはやお英は決して出さぬ。又出るにも及ばぬ。あれらにましたる程の方々がおいでになったそうだからその方々に六工社を御引渡し申せば、このような安心なことはない。お前が何程申しても、参る必要はないから出さぬ。又迎いに来るはずもないではないか。社に帰って「長々御厄介になって有難う、まずまずそのようなお腕のある方がお出になって結構だ」と私が申したと伝いてくれ」と決して動きませぬ。

海沼氏は涙をこぼしておられましたが、致し方なしにすごすご六工社へ帰られました。私ども一同は、奥の座敷で賑《にぎ》やかに笑ったり話したりしておりまして、皆それぞれお宅へ御引とりになりました。母と私は、後でも「実に驚いたものだ。海沼などは折々参りながら、そのようなことを一言も申さず、知らぬ顔をしておって、人をだしぬくようなことをする。元方の人達も実にわからぬ仕方だ」など申して、その夜は休んでしまいました。

翌朝は早く起きまして、家の掃除その他、私は働いておりました。午前に樋口様がお出になりまして、「とんだ事で、さぞお腹も立ちましょうが勘弁してくれ」と申されましたが、母が、「まず、その人達に任せておやらせになる方がよろしう御座《ござ》いましょう」と申しまして、受付けませぬのでお帰りになりました。

すると、午後二時過ぎ頃、大里様がお出になりました。母が出てお目に懸りますと、大そう困ったようなお顔付でそろそろお口をお切りになりまして、「この度は実になんとも申訳のない次第で、さぞ御立腹遊ばしたことと、平に私よりお詫びを申上げる。実は私はあのような事をさせる考えではなかったので、若い者どもが二本松の製糸場におった工男と工女が居るから雇ったらどうかと申しますので、それはよかろうと申しておりましたが、中廻りや教師にする考えでは少しもありません。工女には無論糸をとらせる考えでおりました。昨日も種々用事があって夕方社の方へ参りますと、お英様はじめ富岡からお帰りの皆様が揃ってお帰りになりました。ふしぎなことだと思いまして、後から皆に聞きますとこれこれの訳だと申しますので、私も実に驚きました。さんざん皆に小言を申しまして、今朝、その藤田文と申す女に糸をとらせましたが一向とれませぬ。八木沢浪ほどにもとれませぬから、元方一同も驚きました。（八木沢なみと申す人は前年開業の時入場致しました。その時二年目の人。新入では中々よく出来る方。）直ぐにおっ払ってやりましたから、何事も私の不行届《ふゆきとどき》から起りました事、なにとぞなにとぞ万事御勘弁下さいまして、これまで通り御帰場下さいますよう」と申されましたので、母も、「私ども別に立腹致したと申すわけではありませぬが、そのようなお腕のある方がお出になって御引渡し申せば大安心だと申しておりましたが、そのような御都合ならば今夕帰場致させます」と申しましたので、大里氏も大そうお喜びになりました。そして、その藤田と申す人が口ばかり大きなことを申して何も出来ぬと申され、若い手合には困るなど申され、御帰りになりました。

私ども仲間のお宅へも樋口様ならびに元方の方々御自分でお出になりまして、「藤田文を出してやったから帰ってくれ」と申されましたので、皆帰ることになりました。夕方になりますと、ぞろぞろ私方へ誘いにおより下さいました。皆、大里さんの話を致しますと、「それみたことか」などと笑っておられました。母が皆さんに、「皆さん、これからは中々荷が重くなりました。去年までは、皆さんばかりだから別に心配もいらなかったけれど、今年は、折角《せっかく》雇った人を追出して皆様のお顔を元方の人達が立てたのだから、このことについては、これから一言もお申しにならぬよう、又何事についても大人しく一生懸命に精を出して、六工社のますます盛んになるようにお心掛遊ばすよう、自分らでなければならないような顔を、仮にもしてはいけません。この上そのような風をすると、元方の人達にもあいそを尽かされてしまいます」と申しました。私には、大里氏お帰り後、よくよく申聞かせてくれました。「これまでから思いば実に荷が重くなった。何事にかかわらずつまらぬことに苦情を申さぬよう」と申聞けられました。それで一同打揃うて「ただいま、ただいま」と帳場で申して、自分自分のへやにその夜は休みました。

翌朝、繰場へ出ますと、元方の人達、海沼氏、佐久間氏等の人々の、その心持《こころもち》の悪そうなお顔付は、ただいまに目の内に残っております。しかし、大里氏だけは、平日の通りなお顔付でありました。私ども仲間の人達ならびに私も少しも知らぬ顔をして、皆一生懸命に精を出しておりました。前日に引替え、大里氏よりどのくらいきびしくお申しになりましたか、佐久間氏も工女の前にお立ちになりません。遠くから一心に皆の繰方をながめておられました。

それに、特筆大書致さねばならぬことは器械の改良してあったことであります。富岡の器械は、小わくを止めます時、うしろの左の腰の辺にわく止めが付いておりますから、左の手で止めなければなりませぬ。それを足で止めるようにしてありました。これは無論、佐久間氏が二本松の風に直されたのであります。富岡のように上等の繭で繰ります時は、手で止めましても別に差支いはありませぬが、繭が下等になりますと、いちいち手で止めましては手間も違い、第一むらになります。この改良は一同喜びました。これより後年まで（十二年くらい）この佐久間氏が六工社に尽されましたことは、どのくらいかわかりませぬ。（十年間くらい。）

その後は、元方の人達も何も申されず、工女一同も大人しく、日々双方一心に製糸に精を出して実に平和なものでありました。

本年から五十人に釜がなりました。追々《おいおい》新入の工女も業が上達して参りましたが、さすが富岡から帰った人にはかないませぬ。蒸汽の元釜は二つになりまして、五十釜に渡るようになりましたが、やはり折々工合《ぐあい》がわるくなりまして、その時々、元方の人は申すまでもなく佐久間氏まで皆惣出《そうで》で、土かつぎ、どろこねを致されました。

生糸の荷造方は、木村と申す人と佐久間氏とで致されました。私が富岡で覚えて参りましたのは、厚紙を二枚つぎ合せて横長に致しました中へ、生糸十本入れて巻いて、上を二カ所結わいるのでありましたが、「かさ」ばかり多くなりましてしっくり致しませぬ。ただいまのように四角に造りますのは、元は二本松の仕方、「イタリヤ」流であります。

この年から繭の買入れも、どしどし致されましたから、中々たちもよろしう御座いました。とり釜は、開業当時より皆瀬戸焼でありましたが、その釜から直ぐに蒸汽の出ますようにくふう致されましたのは、大里氏・海沼氏であります。元金が不足のため、お金のかからぬようと言う考えにてなされましたのが、大そう煮工合がよろしう御座いますので、皆喜んでその釜に参りたがります。後には皆その釜になりました。第一、糸の艶が大そうよろしう御座います。この釜をはじめて製造致しましたのは、松代町字代官丁、岩下清周様の屋敷内にありました瀬戸焼業、たしか加藤某と申す人でありました。この釜を焼初めまして、六工社の釜を焼いておりましたが、追々遠国からまで注文致されますので、大そう盛んになりました。その年は何事もなく、やはり十二月二十日頃、無事閉業致しました。

その年閉業後、蒸汽の元釜は、新たに製造致されました。西条村大宮の境内に幕を張り（横田の幕）、製造人横田文太郎が。これまでの元釜は、たしか上州前橋ならびに信州へ売れましたように覚えます。繰釜に入りおりますパイプ等、残らず古き物は付けまして売渡し、新しくこの年から工女の月給も繰糸の糸目できまりまして、五円くらいとる人が追々出て参りました。もっとも、下になりますと七、八十銭くらいの人もありました。月々書出しになりましたから皆中々勉強致されました。

この評判が追々諸国へ伝わりましたので、見物に参る同業者が中々多く有りましたが、ただいまと違い、行通《こうつう》不便の頃でありますから、参る人は皆わらじがけで参るのでありますから、骨が折れます。

その後は、同じことを繰返し致しておりましたが、その翌九年の末に、富岡製糸場から私どもの仲間に、「今一度入場してくれ、この頃は工女の気分が引立たなくなって困るから、一同で来てやって見せてくれ」と申されました。私どももおります頃、糸仕上げ場におられました信州小諸の人で加藤様と申す方でありました。何か若い者ばかりでありますから、花やかな富岡のこと、一日も忘れられぬ所でありますから、私初め参りたいと思いまして、大里さんにもそのことを申しましたが、同氏が「横田さん、もうおいでになるには及ばぬではありませぬか」と笑っておられます。幸い父が帰宅致しましたから申しますと、大しかられで、「何のために六工社をすてて富岡へ今から行く必要がある」と一言申されましたので、思いとどまりました。私ども仲間でも、三、四人参られ、新入の人にて参った人がありました。たしか翌十年の春頃お帰りになりましたように覚えます。

解説　近代の女子労働史からみた『富岡日記』

斎藤美奈子

「富岡日記」「富岡後記」が書かれたのは一九〇七（明治四〇）年から一九一三（大正二）年にかけてのこと。本書は、当時五〇代を迎えた和田（旧姓横田）英が三十数年前を回顧してつづった、日記というより回想録です。

御一新（明治維新）からまだそう時間がたっていない一八七二（明治五）年、明治政府は殖産興業政策の一環として生糸の生産力向上をめざし、群馬県富岡町（現富岡市）に官営の模範工場を設立。年若い娘たちを「伝習工女」として募集します。

この募集に応じ、横田英もまた、翌一八七三（明治六）年、故郷の期待を一身に背負って富岡に赴きます。満一五歳のときでした。富岡で製糸技術を一年三カ月にわたって学んだ後、故郷の信州松代に戻った英は、新設された西条村製糸場（後の六工社）に指導者として入場、四年余をここですごしています。

本書に収録された「富岡日記」は富岡製糸場時代の、「富岡後記」は六工社（西条村製糸場）時代の思い出を書きつづったものですが、彼女の闊達な筆で再現され、描写された工場や工女たちのようすは、回想録とは思えないほど鮮明です。とかく官ないし経営者側の視点で語られがちな近代の殖産興業史において、被雇用者側、それも表現手段が限られていた女性の手になる本書が第一級の資料であることはいうまでもないでしょう。

職人としての矜持をかけて

一読してわかるように、本書の大きな魅力は、日本で最初の女子労働者となった英たち年若い工女の働きぶりや生活ぶりが活写されていることです。

前半の「富岡日記」は〈十三歳より二十五歳までの女子を富岡製糸場へ出すべし〉との県の通達に、英が胸をふくらませるところからはじまります。

〈人身御供にでも上るように〉思って渋る親と、未知の世界に憧れ〈一人でも宜しいから行きたい〉と懇願する娘。親世代が応募を渋ったのは「フランス人が生き血を吸う」という風評のせいだったと資料にはありますが、無知が原因というよりも〈大蔵省が、各府県に命じて強制的な工女調達を各地でおこなったことは、民衆にとって、徴兵令により軍隊に男をとられるのと同様に見えた〉[*1]ことも見逃してはいけないでしょう。

一八七三（明治六）年三月末（英が二月と記しているのは記憶違い）、それでも松代からは十六人の少女（最年長の和田初は二五歳）が富岡へ向けて出発しました。現代なら新幹線とローカル線を乗り継いで三時間弱、高速道路を使えば一時間半ほどで着ける松代から富岡までの旅程を、一行は三泊四日かけて辿り着いています。

初期の富岡製糸場は、殖産興業をめざす国のモデル事業であり、近代的な工場であると同時に「寄宿舎つきの職業訓練校」としての性格を帯びていました。製糸場の開設に当たり、政府が採用したのは、伝統的な「座繰り」とは一線を画す、フランス式の器械製糸法です。そのためにフランス人技師のポール・ブリュナを招き、技術を伝授するスタッフとして四人のフランス人女性らを雇っています。

英が富岡入りした年に全国から結集した伝習工女は五五六名。八割近くが一〇代という娘たちに期待されたのは、富岡で習い覚えた器械製糸の技術を地元に持ち帰って民業振興に役立てることでした。英の故郷松代では伝習工女の帰還を待って新工場の開設が予定されていましたから、英たちが張り切ったのも当然です。

しかし、富岡で煉瓦造りの建物と最新式の設備に目を丸くしたのも束の間、英ら新参の松代組に最初に与えられたのは「まゆより」の仕事だった……。

原料の繭が生糸になるまでには、殺蛹（燻蒸などで蛹を殺す）、乾繭（繭を乾燥させて貯蔵する）、選繭（良質な繭を選別する）、煮繭（繭を湯につけてニカワ質を溶かす）、繰糸（煮繭しながら糸端を探し、数粒分の繭糸をより合わせて糸にする）、揚げ返し（小枠に巻き取った糸を大枠に巻き取り直す）、検査（等級を定める）、束装（大枠から外した糸を束ねて結ぶ）などの工程があり、製糸とは煮繭から後の工程を指します。真新しい糸取り台に胸弾ませていた英たちにとって、風通しの悪い部屋に閉じ込められたなかでの「まゆより」は不本意な仕事でした。まして明治政府の中枢にあった山口県（旧長州藩）の工女たちが一足飛びに「糸とり」に就いていると知ったときの無念さたるや。我慢の限界を超えた一同はついに直談判に及びます。〈何故山口県の方ばかり直に糸をおとらせなされまする御都合か伺いとう御座ります〉と英が抗議するくだりは、「日記」の中でも特に胸がすく場面です。

このように、親元には苦労を知らせまいと誓いながらも、けっして唯々諾々と命令に従っていただけではない工女たちの姿が、本書には随所で描かれています。

後半の「富岡後記」では、富岡での研修期間を終え、故郷の工場の指導者の座についた英のリーダーとしての姿が語られます。松代入りの際は人力車を連ねたパレードになったことからも、富岡帰りの工女に対する期待の高さがうかがえましょう。

一八七四（明治七）年七月、英ら一四人の伝習工女が入場した西条村製糸場（七八年に六行社と改名）は五〇釜を備える、富岡と同じフランス式の器械製糸場でしたが、そうはいっても三〇〇釜の設備を持つ官営製糸場とは比較になりません。見れば用具も台所で使うような代用品。〈柄杓が木だの、匙が灰ふるいだの、手水が瓶だの〉という不満が噴出するなかで、工女と管理者の間に立って奔走する英は中間管理職の鑑のよう。

ことに「後記」の白眉は、器械製糸と伝統的な座繰りをめぐって元伝習生と工場管理者が対立するくだり、また二年目、福島県の二本松から来た新メンバーに憤慨するくだりです。〈富岡帰りの奴等が頑張ってばかり居って目方を切らす〉。つまり糸の品質より重量を重んじる管理者に、英は理路整然と言い放ちます。〈目は少々切れましても価が高くありますれば、良品を製します方が国のためと存じます〉。二本松組の横暴に対しては〈もはやこの製糸場に居るわけには参らぬ〉とばかり、ストライキに近いことまでやっている。

富岡時代から六行社時代まで、英を支えていたのは、家のため故郷のためという思いと同時に、技術者としてのプライドだったように思われます。八カ月ですべての技術を習得し一等工女に昇格した英は、きわめて優秀で、だからこそ周囲も一目置いていたのです。

富岡と「女工哀史」は別なのか

フランスの工場に準じた富岡製糸場は就労規則もフランス式で、年季奉公のような日本の伝統的な労働形態と比べると、はるかに近代的でした。就業は朝七時から午後四時半まで。九時から三〇分、一二時から一時間、午後にも一五分の休憩時間があり、実働は七時間四五分。灯下の労働は品質に影響するというブリュナの考えから、作業はすべて自然光の中で行われました。週一度の日曜日は休み。猛暑の時期には昼の休憩時間を増やすなどの措置がとられ、夏と冬には休暇もとれました。

しかしながら、こうした「恵まれた」労働環境は富岡製糸場からはじまる製糸業の長い歴史の中では、ほんの一時期の「短い春」だったといわなければなりません。日清戦争を契機に生糸が輸出産業として成長し、製糸業が資本主義的性格を強めるにしたがって、製糸業界の労働条件は劣化の一途をたどったからです。

地域や会社によって濃淡はあったにせよ、労働時間は短くて一二時間、ときには一四〜一五時間におよび、賃金は時給計算ではなく出来高払い制。〈労働時間の如き、忙しき時は朝床を出でて直に業に服し、夜業十二時に及ぶこと稀ならず。（略）その職工の境遇にして憐れむべき者を挙ぐれば、製糸職工第一たるべし〉と横山源之助が『日本の下層社会』に書いたのは富岡の開業から約四半世紀後のことです。

採算度外視で模範的な労働環境を目指していた富岡製糸場も、ブリュナの帰国後は生産性重視の姿勢に転じ、一八九三（明治二六）年に三井に払い下げられると、労働時間の延長、等級制から出来高制への賃金体系の改変など、労働強化が図られています。

したがって、横田英が在籍した官営時代だけを取り上げて〈女工と聞けば『女工哀史』や『野麦峠』の暗いイメージを思い起こすかもしれません。しかし、富岡製糸場にはそのような雰囲気はありませんでした〉[*2]などとことさらに強調するのは、富岡からはじまる製糸労働史、ないし女子労働史の全体像を無視した態度にほかなりません。

『富岡日記』を手にした私たちがいま考えるべきは、近代日本の資本主義発達史の中で、富岡製糸場がどのような役割を果たしたかです。

富岡は日本の殖産興業にたしかに貢献しました。富岡製糸場が導入し、日本式に改良された器械製糸は生糸の大量生産を可能にし、二〇世紀の初頭には天蚕生産の先進国だった中国やイタリアと日本は肩を並べ、やがて追い越すまでになります。

しかし、日本経済の屋台骨を支える基幹産業の担い手が一〇代の少女たちだったことを考えるとき、一見模範的に思える富岡製糸場にも、後世の歪みを生む素地があったことは否定できません。官営製糸場の開設に際し、政府が一三〜二五歳の女性を募集したのは、養蚕や糸繰りが女性の仕事だった伝統（フランスでも同様）に加え、結婚前の娘たちは家庭内の余剰人員で、人件コストが低く抑えられたことも関係していたはずです。この後、工女の低年齢化はさらに進み、英も〈(西条製糸場の)糸揚工女も富岡の如く十一十二十三歳止まり位の少工女でありました〉と記しています。

一八世紀後半から一九世紀前半のイギリスにみられるように、急速な工業化の過程では過重な児童労働がよく問題になりますが、近代の日本も同じ。当時の世界標準に照らしても、小中学生に相当する年齢の少女たちを酷使して成立する産業は正常とはいえません。一二歳以下の就労を禁じた工場法の施行(一九一六＝大正五年)以降も工女の低年齢化は改善されず、富岡が先鞭をつけた寄宿制や等級賃金制も、各地に創設された後の製糸場では、貧しい農家の娘たちを縛る制度として機能したのです。初期の富岡が求めた理想が、利潤第一の資本の論理に敗北したところに、製糸労働史の悲劇があったともいえます。

とはいえ、与えられた環境の中で、英たち伝習工女はよく働き、よく闘った！　国家のためによく働き、自分と仲間のためによく闘ったのは、後世の女子労働者たちも同じです。日本で最初のストライキは一八八六(明治一九)年、雨宮製糸場(山梨県)の工女同盟によるものでした。富岡製糸場の工女たちも一八九八(明治三一)年にストを決行しています。「日記」「後記」が書かれた明治末期には、天満紡績(大阪府)、矢島製糸(山梨県)、宍粟製糸(兵庫県)、鐘紡三池工場(福岡県)、山十組製糸(長野県)、前橋市交水社製糸場(群馬県)、東京モスリン(東京都)などなど、数え切れないほどの工女ストが各地で起こり、この勢いは昭和まで続きます。*3

低賃金、長時間労働に抗し、劣悪な労働環境の改善を求めて立ち上がった女子労働者たちは、監督官や経営者に果敢に抗議した横田英の像と重なります。女子労働者の輝かしい歴史は、彼女たちの精神の中にこそ息づいているのではないでしょうか。

その後の英と富岡製糸場

横田英は、西条村製糸場（六行社）で四年余り働いた後、県営の長野県製糸場に移って製糸教授を二年間務め、陸軍軍人の和田盛治と結婚、製糸業の第一線から退きます。実子には恵まれなかったものの、養子の盛一は東京帝大を出て鉱山技師となり、鉱山開発で成功した古河鉱業に勤務。晩年の英は盛一らとともに足尾銅山（栃木県）の社宅で暮らし、本書の核となった原稿も、足尾で書き上げました。夫亡きあと、五〇歳にして英が回想録に着手したのは、病床にあった母を慰めるためでしたが、題材として富岡時代を選んだのは、彼女にとっては工女としての日々がもっとも輝いていたからでしょう。

一九二九（昭和四）年、英は足尾で病没します。満七二歳でした。富岡と足尾。製糸業と鉱山開発。足尾銅山もまた公害の原点として日本の近代史に刻印された場所であることを考えると、近代日本の光と影を象徴する二つの領域と図らずも接点をもった女性の人生の不思議さを思わずにはいられません。

一方、三井に払い下げられた富岡製糸場は、一九〇二年（明治三五）には原合名会社、一九三九（昭和一四）年には片倉製糸紡績株式会社（現片倉工業）の傘下に入り、多くの製糸場が軍需工場に転じた戦時中も製糸を続行しますが、一九八七（昭和六二）年に操業を停止。一一五年の歴史に幕を閉じました。

二〇一四年、ユネスコ世界文化遺産への登録が決まったことで、注目を浴びることになった旧富岡製糸場ですが、ぜひこの機会に、日本の近代と繊維労働者の歴史にも目を向けていただければと思います。明治の労働者の群像を描き出した横山源之助『日本の下層社会』（一八九九年）、大正期の紡績女工の労働実態を告発した細井和喜蔵『女工哀史』（一九二五年）、飛騨高山から信州諏訪地方に出稼ぎに出た元製糸女工らへの聞き書きを中心に構成された山本茂実『あゝ野麦峠』（一九七六年）、細井和喜蔵の妻・高井としをの回想録『わたしの「女工哀史」』（一九八〇年）などと併読したとき、草創期の女子労働者の姿を描いた『富岡日記』への理解もより深まるにちがいありません。

＊1　上條宏之『絹ひとすじの青春――「富岡日記」にみる日本の近代』（ＮＨＫブックス・一九七八年）
＊2　藤岡信勝＋自由主義史観研究会『教科書が教えない歴史』（産経新聞ニュースサービス・一九九六年）
＊3　三井禮子編『現代婦人運動史年表』（三一書房・一九六三年）

（さいとう・みなこ　文芸評論家）

本書は、中公文庫版『富岡日記』（一九七八年）を底本にしています。
一部欠落していた箇所を補い、「第二年目開業」を創樹社版を底本に
巻末に収録しました。また、必要に応じて振り仮名を付してあります。

附録

富岡製糸場と日本の近代製糸産業

富岡製糸場　近代製糸業のトップランナー

今井幹夫

「生糸が軍艦を造った」ということわざがある。これは生糸輸出がもたらす外貨の獲得などによってわが国の重工業化が進んだことを示すものであり、この一翼を大きく担ったのが富岡製糸場である。

幕末に開港が始まると生糸が猛烈な勢いで輸出され始めた。この原因は、フランスで発生した蚕の病気がヨーロッパ全土に広がり繭や生糸の生産が激減したことである。これを補う形でわが国の大量の生糸が輸出されていった。その結果、質の悪い生糸までが輸出されたために、わが国の生糸の評判は次第に落ちてしまったのである。

明治政府は、このような状況を改善すること、さらに外国の資本による製糸場設立の要求を退けると共に、政府の大きな政策であった富国強兵・殖産興業を推進する役割を果たすために、模範工場としての富岡製糸場を建設することに決したのである。そのため製糸業に詳しいフランス人ポール・ブリュナをリーダーとする同国人男女技術者を雇い入れ、またフランス製の製糸器械を取り入れて、明治五年、操業を開始した。このように富岡製糸場は、近代製糸業の幕開けの役目を果たすと同時に、常にそのトップランナーであった。

まず、富岡製糸場の歩んできた大まかな足跡を追ってみたい。

I　模範工場としての施設や設備の近代性

富岡製糸場は、近代的な製糸器械の導入と共に近代的な工場制度を一緒に導入したといわれている。それらを建造物、労働環境、福利厚生や衛生環境などの面から眺めてみたい。

1 建造物について

設計図はポール・ブリュナの構想をもとに横須賀製鉄所（のちに造船所）に勤務していたエドモンド・バスティアンに作成させた。設計はメートル法であったが、建築にたずさわったのが日本人大工であるためメートル法を尺貫法に読み替えて建設した。

建物の構造は「木骨煉瓦造」という特色のある建て方で、1尺角（30・3㎝）の太く長い木材で骨組みを建て、柱間の壁を煉瓦積みとした。煉瓦の積み方はフランス積みである。ここにもフランス文化のあることが確認できる。

建物の基礎はセメントが普及していないためすべて大きな石材で固めている。現在でも不動沈下率はプラスマイナス2㎝以下のレベルを保っている。

鉄の輪を積み上げた高さ約36ｍの煙突や建物には初めから避雷針を設置した。建物の避雷針としてはわが国の第一号である。

2労働環境について

初めから一日当たりの平均実労働時間を7時間45分と定め、季節により勤務時間を変えた。しかし明治一八年には業務規則の改変が行われ、労働時間を延ばしている。

賃金体系を見てみる。工女の給料は能力主義で、最も技術の高い工女を一等工女（月給1円75銭）、次いで二等工女（1円50銭）、三等工女（1円）、等外工女（75銭）とした。なお明治七年度からは八階級制に改めている。これは工女の技術差が大きいことによるものである。因みにポール・ブリュナの月給は600ドル（1ドル＝1円）と賄費150円（計750円）であった。当時の太政大臣の月給は800円である。

3福利厚生について

初めから日曜制をとりいれた。

構内に病院を建て、フランス人の医師が診察や治療をした。治療費・薬代・入院費等は自己負担なしで、重症者は入院させた。これはわが国の企業内で医療活動を行った最初でもある。

寄宿生活を原則とし、寄宿代・食事代は自己負担なし、その上、夏冬服料として5円が支給された。入浴は毎晩できた。

日曜日以外の休暇日もあった。諸祭日休（年6日）、年末年始休（年10日）、暑休（年10日）、そのほかフランス人の在勤中は万聖節（ハロウィン）を設け、また明治六年からは天長節などが設けられた。

4 環境衛生について

下水溝がポール・ブリュナの要求によって設置された。糸をとった後の大量の汚水を川まで流すためである。工法は暗渠式の煉瓦積みで、長さ約310m、床面の勾配は100分の1である。この勾配率は現在でも通用する程の優れたものである。

以上、製糸場の諸制度・施設の近代性を見てきたが、ここに官営模範製糸場としての存在感を読み取ることができる。

Ⅱ　工女の派遣と製糸技術の伝播・普及について

1 工女の入場

官営富岡製糸場の目的とした一つは、製糸技術のレベルを全国的に高めることであった。このため政府は積極的に工女募集をしたが、初めはなかなか工女が集まらなかった。原因を調べてみると、「外国人が工女の生き血をとって飲む」などというデマが飛んでいた。フランス人が好んで飲むワインを生き血と勘違いしたもので、政府はこれを打ち消す通達を何度も出して工女募集に努めた。この結果、次第に予定数（462人）に近づいたため、操業を開始した。現在の資料で確認できる工女数では、明治一七年度までに富岡製糸場に入場した工女は三十道府県、延べ3481人である。

明治一六年度から模範工場的な性格よりも営利主義的な経営方針が強まっていることを考えると、この3481人の工女たちは、模範工場へ新しい製糸技術を学ぶために来場したともいえよう。

中でも群馬県（708人）・長野県（346人）・埼玉県（253人）から来場した工女の人数が多かった。この理由は、①富岡製糸場から近いこと、②三県とも養蚕製糸が盛んであったことによる。しかし、帰郷後の彼女たちの活躍ぶりには大きな違いがみられている。

例えば、群馬県では富岡製糸場の器械製糸とは別の改良座繰製糸による組合製糸がいくつも生まれた。組合製糸では、組合員となった各農家が自分の作った繭を自家の座繰器で取り、共同の揚返場で糸を揚げ返して本社に送り、本社が各組合員の生糸をまとめて主に米国向けに輸出した。そのため、富岡製糸場で技術を学んだ工女たちも活躍するチャンスが少なかった。

一方、長野県では、有志が資金を出し合って器械製糸場を設立し、富岡帰りの工女をリーダーとして迎え入れ、器械製糸の普及を図る形が多かった。

この両県の違いの差は生糸の質と生産量に現れた。群馬県は明治二一年度までは全国第一の生産県であったが、翌年度からは長野県に抜かれたのである。

いずれにしても、各地から来場した工女たちが地元の製糸場においてリーダーとして活躍した事例が数多く残っている。したがって富岡製糸場の役目は果たされていたといえよう。

2富岡製糸場を範とした器械製糸場の設立

富岡製糸場のもう一つの役目は、これを模範として全国各地に器械製糸場を普及させることにあった。このため製糸場の設立希望者が全国各地から訪れ、図面を模写したり、或は経営方法を尋ねては地元の製糸場設立の手本としている。その主な具体例を挙げると次のような製糸場がある。

①長野県西条村（現長野市松代町）の大里忠一郎らは器械製糸所の設立を計画し、富岡に関係者を派遣して図面の模写などを行わせ、これに基づいて西条製糸所を設立した。この完成をまって横田英らを呼び寄せてリーダーとした。

②金沢の長谷川準也らは大工棟梁の津田吉之助らを富岡に派遣して準備を進め、地元に金沢製糸社を設立した。

③北海道開拓使庁は札幌に製糸場を建て、官営赤羽工作分局で造った富岡製糸場とそっくりの繰糸器を導入し、北海道と青森から富岡製糸場へ派遣されていた工女たちを呼び寄せて指導者とした。さらに糸を束ねる工女として現役の富岡製糸場の工女を招いている。

④三重県四日市の伊藤小左衛門は早くから器械製糸を取り入れたが、良質の生糸が生産できないため、身内を富岡製糸場に派遣して富岡式の器械に改めたところ、生糸は高価で取引

されるようになった。

このように全国各地に富岡式の器械製糸場が設立され、全国的に良質な生糸の大量生産態勢が整っていったのである。

Ⅲ　富岡製糸場の経営実態

富岡製糸場の主な役目はすでに触れたとおり、良質の生糸の大量生産を図るための模範工場であった。したがって創業当初においては、利益を上げることはあまり重視しなかったために赤字経営が続いた。この経営方針を示す資料が、明治六年七月に大蔵省事務総裁の大隈重信が太政大臣の三条実美に宛てた文書である。これには「富岡製糸場の損益は暫くは論ぜず」という文言がある。つまり少しは赤字であっても新しい製糸技術が広まり、新しい器械製糸場が普及して行くことの方が大切であるという考え方である。

一方、明治三年に前橋藩内にイタリア式製糸場を設立したのが速水《はやみ》堅曹《けんぞう》らである。大久保利通は彼の手腕を認めて大蔵省に入省させた。速水堅曹が最初に命じられたのが富岡製糸場の経営調査である。彼は富岡を訪れ経営状況を調べた結果、その弱点を、①工女の技術習得のまずさ、②ブリュナをはじめとするフランス人技術者の高い給料などであるとして、「速やかに民間経営に移行するべきである」と報告した。彼の経営に対する考え方は「模範工場であっても利益を優先した方がよい」であった。

これが一つのよりどころとなり、明治一三年に軍事工場などを除く官営工場の「払下概則」が決定されたのである。しかし、富岡製糸場を払い下げてほしいという者も現れないために、富岡製糸場を閉じるという案や速水堅曹へ貸し渡す案などが出されたが、結論的には今までどおり政府による経営を続けるということになった。

さて明治一七年までは富岡製糸場は農商務省内の農商務局が管理していたが、一八年度から農商務卿（大臣）の直轄となった。そこで就業規則などを改め、労働時間を延長しながら利益を高める方針に大きく転換した。同時に営利主義を主張する速水堅曹が二回目の所長に就任すると、その傾向はさらに強化され、以後黒字経営が続いたのである。

明治二六年九月、官営模範工場としての役目を果たした富岡製糸場は三井家に払い下げられた。それまでの速水堅曹などの努力が実った結果、操業開始から通算すると経営収支は黒字となっているところに富岡製糸場の存在価値が認められる。

Ⅳ　民間の経営実態

三井家の経営になると、生産性を高めるため工女一人当りの糸の取口を2口（緒）から3口、さらに4口に増やす一方、第二工場を設立して増産体制を強化した。明治三五年に原合名会社の経営になると、工女一人当りの糸の取口が20口という多条式の繰糸機を導入したり、蚕種製造所を新設し良質な生糸の大量生産を図っている。さらに昭和一三年、片倉工業株式会社の経営に移る。特に戦後は自動繰糸機を導入して、生産の効率化・能率化・省力化を進めた。

　このように、明治五年に設立した大規模で堅固な木骨煉瓦造の建物を替えることなく全面的に使いながら、繰糸機は常に新しい機械に入れ替えて操業を続けたのである。しかし、昭和五〇～六〇年頃には外国からの安いシルクや化学繊維の大量の輸入によって、わが国の製糸業は操業を止めざるを得ない状況となった。昭和六二年三月五日、富岡製糸場は一切の操業を止めた。創業から数えて１１５年間の年月が経過している。

＊　＊　＊

二〇一四年四月二六日、「富岡製糸場と絹産業遺産群」を世界遺産に登録することが適当という勧告が、ユネスコの諮問機関であるイコモスよりユネスコ世界委員会に対して出された。これを受けて来る六月一五日から開かれるユネスコ世界委員会において最終結論が出される予定である。

「富岡御製糸場の御門前に参りました時は、実に夢かと思いますほど驚きました。生れまして煉瓦造りの建物など稀に錦絵位で見るばかり、それを目前に見ますることでありますから無理もなきことと存じます」。

　これは「富岡日記」の一節である。この驚きの中に、富岡製糸場がわが国の製糸業の近代化を進めるにふさわしい大きな存在感を示していることが見て取れる。そして横田英が見て感じ、働いた建造物群が、現在もなお当時のままの姿で保存されていることに誰もが歴史的な価値を感じる。

富岡製糸場は維新政府の殖産興業政策の先達として操業を開始した後、民間に払い下げられ、経営母体の変遷を経ながら１１５年間の現役工場の役目を果たした。その経営方針は常に技術革新による良質な生糸の大量生産であった。操業停止してから30年近い年月が経っていても当時のままの姿で保存されている。ここに富岡製糸場がわが国の製糸業の近代化を推進した産業遺産としての確たる記念碑であることが示されているといえよう。

（いまい・みきお　富岡製糸場総合研究センター所長）

近代製糸産業の文化遺産および施設ガイド
――富岡製糸場を中心に

文責・編集部

＊情報は2014年5月現在のものです。

富岡製糸場

群馬県富岡市富岡一―一
0274（64）0005
上信電鉄上州富岡駅より徒歩15分

日本初の官営模範器械製糸工場として一八七二（明治五）年に創建された。明治の殖産興業のシンボル的存在で、教科書で読んだ人も多いだろう。

当時の日本の主要輸出品であった生糸の生産を増やし、安定した質を保つことを目的としたこの工場は、政府に雇われたフランス人技術者ポール・ブリュナの指導の下で設計・建築された。この工場では、当時の日本の製糸で主流だった手回しの座繰器ではなく、フランス式の三〇〇人取り器械繰糸器が導入された。ブリュナはこの繰糸器を、日本女性の体格や日本の湿度の高さに合わせて改良するなど、工夫を凝らしたという。創業当時のこの繰糸器は、現在岡谷市の蚕糸博物館（後

富岡製糸場 東繭倉庫（写真提供：群馬県）

出）で展示されている。

政府はこの工場に日本各地から伝習工女を募集。新技術を全国各地に広めようとした。『富岡日記』の作者である和田英は、その最初期の伝習工女のひとりである。

製糸を行う繰糸場は、長さ約１４０・４メートル、幅12・３メートル、高さ12・１メートルと当時でも世界最大規模のもの。また二棟ある繭倉庫は、長さ１０４・４メートル、幅12・３メートル、高さ14・８メートルとこちらも巨大。いずれも木の枠組みに壁にレンガを積み入れる木骨レンガ造で、創業当初の状態でいまも威容を誇っている。また、女工館、検査人館、ブリュナ館などの宿舎も健在。いずれも国指定重要文化財。

二〇一四年六月、田島弥平旧宅、高山社跡、荒船風穴とともに「富岡製糸場と絹産業遺産群」として、世界文化遺産に登録予定。

田島弥平旧宅

群馬県伊勢崎市境島村字新地二二四三
0270（61）5924＊田島弥平旧宅案内所
JR高崎線本庄駅から車で約20分

蚕種製造農家に生まれた田島弥平（一八二二［文政五］―九八［明治三一］年）は、各地の養蚕法を研究し、通風を重視した養蚕法「清涼育」を開発。近代養蚕法の先駆けとなり、安定した繭の生産に成功した。

田島弥平は、一八六三（文久三）年に「清涼育」を行うのに最適な構造をもつ住居兼蚕室を建築した。棟の上に窓の開閉で換気ができる櫓（越屋根、天窓）を備えた瓦屋根総二階建。この構造は、弥平が書いた『養蚕新論』によって全国に広まり、近代養蚕農家建築の原型となった。蚕室建物跡、桑場、種蔵なども残る。＊個人宅につき内部は立入禁止。

高山社跡

群馬県藤岡市高山竹之本二三七
0274（23）5997＊藤岡市教育委員会文化財保護課
JR八高線群馬藤岡駅から市内バス約35分

高山長五郎（一八三〇［天保元］―八六［明治一九］年）は、「清涼育」と「温暖育」の長所を取り入れ、換気と温湿度管理をきめ細かく行う養蚕法「清温育」を開発。高山社は、この普及のために作られた、養蚕教育機関である。確認されているだけでも分教場は六十を数えるまでに発展し、全国から生徒を受け入れ、指導者も全国に派遣。これにより「清温育」は近代養蚕法のスタンダードとなった。一九八一（明治二四）年に、高山社発祥の地に高山長五郎の娘婿の高山武十郎が建て、多くの実習生が学んだ住居兼蚕室が残っており、清温育に最適な構造を見ることができる。

荒船風穴（写真提供：群馬県）

荒船風穴

群馬県甘楽郡下仁田町南野牧甲一〇六九〇―1外
0274（82）5345＊下仁田町ふるさとセンター
上信電鉄下仁田駅から車で約30分

荒船風穴は、岩石の間から吹き出す冷風を利用した蚕種貯蔵庫である。冷暗所で蚕種を保存することで孵化の時期を調整し、それまで年に一度だった養蚕を複数回可能にし、繭の増産に貢献した。高山社に学んでいた庭屋千壽が自宅近くのこの荒船風穴に着目、父の静太郎が一九〇五（明治三八）―一九一四（大正三）年にかけ貯蔵施設を建設。夏でも2℃前後の冷風が出る斜面に石積みを築き、そこに土蔵造りの建屋が設けられた。三基の風穴があり日本最大の貯蔵規模を誇る。蚕種貯蔵は日本のみならず朝鮮半島からも請け負った。現在もその大きな石積みを見ることができる。

めがね橋（写真提供：碓氷峠鉄道文化むら）

碓氷峠鉄道施設

群馬県安中市松井田町坂本
027（380）4163＊碓氷峠鉄道文化むら
JR信越線横川駅からめがね橋まで徒歩100分

製糸業の二大生産地、長野と群馬から生糸は運ばれ横浜から輸出された。その輸送を担ったのが山なかを走る信越線。なかでも碓氷峠の勾配は困難を極めた。一八九三（明治二六）年、横川と軽井沢間が英国の技術指導のもとアプト式を採用して開通、碓氷線と呼ばれた。18の橋と26のトンネルがあり、なかでも最大規模の通称「めがね橋」は煉瓦造り4連アーチ構造で圧巻。碓氷線は一九一二（明治四五）年に電化され、蚕種、繭、生糸の輸送に活躍したが、一九六三（昭和三八）年に廃線。路線敷、橋、トンネルや、煉瓦造りの丸山変電所などが重要文化財になった。

旧甘楽社小幡組倉庫（写真提供：甘楽町教育委員会）

旧甘楽社小幡組倉庫／旧碓氷社本社事務所

群馬県甘楽郡甘楽町小幡八五二—一／群馬県安中市原市二—一〇—一六
0274（74）5957＊歴史民俗資料館／027（382）7622＊安中市学習の森ふるさと学習館
上信電鉄上州福島駅から徒歩40分／JR信越本線磯部駅から徒歩30分

機械化された富岡製糸場がある一方で、群馬県では、江戸時代からの「座繰り」という手動繰糸器をつかい、各農家が作った生糸を共同出荷する方式の「組合製糸」が盛んだった。なかでも南三社と呼ばれた大組織が、碓氷社、甘楽社、下仁田社。この甘楽社の、二階建て煉瓦積みの小幡組倉庫が残っており、町の歴史民俗資料館として公開されている。また旧碓氷社本社事務所は一九〇五（明治三八）年建造。木造入母屋造りで、二階は組合員が一堂に会せる百畳敷。現在は外観のみを見学できる。

群馬県立日本絹の里

群馬県高崎市金古町八八八―一
027（360）6300
JR前橋駅または高崎駅からバスで30分

「シルクの総合博物館」と謳うこの博物館は、歴史、産業、技術、科学、文化など様々な角度から展示がなされており、とくに古くから養蚕が盛んだった群馬とシルクとの関わりが詳しい。おもに幕末から明治にかけて近代製糸業が確立されていった歴史が、養蚕や製糸の技術、流通などの視点から展示されており、富岡製糸場についても1コーナーをさいている。また企画展示室では蚕糸や絹に関する様々な展示でシルクの魅力を紹介。養蚕から生糸になるまでの詳しい過程がわかるほか、蚕の飼育をゲームで体験したり、染色・機織りなどの体験もできる。

岡谷蚕糸博物館

長野県岡谷市郷田一―四―八
0266（23）3489
JR岡谷駅から徒歩20分、岡谷ICから車で8分
＊移転により2014年8月オープン予定

岡谷市は明治初期から機械製糸業が盛んで昭和まで日本製糸業の中心地だった。富岡製糸場の最後の経営をになった片倉工業も岡谷が本拠地。旧博物館は日本唯一の製糸に関する博物館として一九六四（昭和三九）年に開館。明治初期からの製糸機械類を多数展示しており、なかでも片倉から寄贈された富岡製糸場で創業時から使われていたフランス式繰糸機は貴重なもの。ほかにも江戸時代の手挽きや座繰器、岡谷で開発された諏訪式繰糸機、大正・昭和期の多条繰糸機などがある。新規オープン後は、館内で製糸工場が操業し、製造工程を見学できる動態展示が目玉となる。

旧横田家住宅（写真提供：松代文化施設等管理事務所）

旧横田家住宅

長野県長野市松代町松代一四三四—一
026（278）2274
JR長野駅から松代行きバス30分

和田英はじめ松代から十六人が富岡製糸場の伝習工女となり、帰京後は多くが松代町（当時は西條村）に造られた国内初の民営器械製糸場「六工社」の創業に参画した。六工社跡は今はないが、和田英の生家は往時のまま残り重要文化財になっている。主屋、表門、隠居屋、土蔵、庭園からなり、主屋は一七九四（寛政六）年建造。式台や客座敷を備えた寄棟造で、松代の典型的な中級武士住宅。茅葺屋根と土塗りの壁が目を引く堂々たるもの。横田家は松代藩真田家家臣で石高一五〇石、郡奉行や表御用人を務めた家柄だった。英の実弟は大審院長や鉄道大臣を務めている。

ちくま文庫

富岡日記《とみおかにっき》

二〇一四年六月十日　第一刷発行
二〇二五年一月十五日　第九刷発行

著　者　和田　英（わだ・えい）

発行者　増田健史
発行所　株式会社　筑摩書房
東京都台東区蔵前二―五―三　〒一一一―八七五五
電話番号　〇三―五六八七―二六〇一（代表）
装幀者　安野光雅
印刷所　星野精版印刷株式会社
製本所　株式会社積信堂

乱丁・落丁本の場合は、送料小社負担でお取り替えいたします。
本書をコピー、スキャニング等の方法により無許諾で複製することは、法令に規定された場合を除いて禁止されています。請負業者等の第三者によるデジタル化は一切認められていませんので、ご注意ください。
© CHIKUMASHOBO 2014 Printed in Japan
ISBN978-4-480-43184-4 C0158